国家出版基金项目
NATIONAL PUBLICATION FOUNDATION

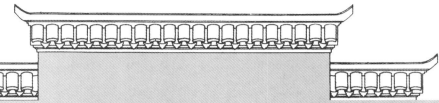

皖南徽州地区传统村落
规划改造和功能提升
——黄村传统村落保护与发展

李志新　单彦名　高朝暄　编著

中国建筑工业出版社

编委会

总编委会

专家组成员：

李先逵　单德启　陆　琦　赵中枢　邓　千　彭震伟　赵　辉　胡永旭

总主编：

陈继军

委员：

陈　硕　罗景烈　李志新　单彦名　高朝暄　郝之颖　钱　川　王　军（中国城市规划设计研究院）

靳亦冰　朴玉顺　林　琢　吉少雯　刘晓峰　李　霞　周　丹　朱春晓　俞骥白　余　毅

王　帅　唐　旭　李东禧

参编单位：

中国建筑设计研究院有限公司、中国城市规划设计研究院、中规院（北京）规划设计公司、
福州市规划设计研究院、华南理工大学、西安建筑科技大学、四川美术学院、昆明理工大学、
哈尔滨工业大学、沈阳建筑大学、苏州科技大学、中国民族建筑研究会

本册编委会

主编：

李志新　单彦名　高朝暄

参编人员：

冯新刚　吴胜亮　王超慧　陈继腾　韩　沛

审稿人：

罗德胤

总　序

传统村落，又称古村落，指村落形成较早，拥有较丰富的文化与自然资源，具有一定历史、文化、科学、艺术、经济、社会价值，应予以保护的村落。

我国是人类较早进入农耕社会和聚落定居的国家，新石器时代考古发掘表明，人类新石器时代聚落遗址70%以上在中国。农耕文明以来，我国形成并出现了不计其数的古村落。尽管曾遭受战乱和建设性破坏，其中具有重大历史文化遗产价值的古村落依然基数巨大，存量众多。在世界文化遗产类型中，中国古村落集中国古文化、规划技术、营建技术、工艺技术、材料技术等之大成，信息蕴含量巨大，具有极高的文化、艺术、技术、工艺价值和人类历史文化遗产不可替代的唯一性，不可再生、不可循环，一旦消失则永远不能再现。

传统村落是中华文明体系的重要组成部分，是中国农耕文明的精粹、乡土中国的活化石，是凝固的历史载体、看得见的乡愁、不可复制的文化遗存。传统村落的保护和发展就是工业化、城镇化过程中对于物质文化遗产、非物质文化遗产以及传统文化的保护，也是当下实施乡村振兴战略的主要抓手之一，更是在新时代推进乡村振兴战略下不可忽视的极为重要的资源与潜在力量。

党中央历来高度关注我国传统村落的保护与发展。习近平总书记一直以来十分重视传统村落的保护工作，2002年在福建任职期间为《福州古厝》一书所作的序中提及："保护好古建筑、保护好文物就是保存历史、保存城市的文脉、保存历史文化名城无形的优良传统。"2013年7月22日，他在湖北鄂州市长港镇峒山村考察时又指出："建设美丽乡村，不能大拆大建，特别是古村落要保护好"。2013年12月，习近平总书记在中央城镇化工作会议上发出号召："要依托现有山水脉络等独特风光，让城市融入大自然；让居民望得见山、看得见水、记得住乡愁。"2015年，他在云南大理白族自治州大理市湾桥镇古生村考察时，再次要求："新农村建设一定要走符合农村的建设路子，农村要留得住绿水青山，记得住乡愁"。

传统村落作为人类共同的文化遗产，其保护和技术传承一直被国际社会高度关注。我国先后签署了《关于古迹遗址保护与修复的国际宪章》（威尼斯宪章）、《关于历史性小城镇保护的国际研讨会的决议》、《关于小聚落再生的宣言》等条约和宣言，保护和传承历史文化村镇文化遗产，是作为发展中大国的中国必须担当的历史责任。我国2002年修订的《文物保护法》将村镇纳入保护范围。国务院《历史文化名城名镇名村保护条例》对传统村落保护规划和技术传承作出了更明确的规定。

近年来，我国加强了对传统村落的保护力度和范围，传统村落已成为我国文化遗产保护体系中的重要内容。自传统村落的概念提出以来，至2017年年底，住房和城乡建设部、文化部、国家文物局、财政部、国土资源部、农业部、国家旅游局等相关部委联合公布了四批共计4153个中国传统村落，颁布了《关于加强传统村落保护发展工作的指导意见》等相关政策文件，各级政府和行业组织也制定了相应措施和方案，特别是在乡村振兴战略指引下，各地传统村落保护工作蓬勃开展。

我国传统村落面广量大，地域分异明显，具有高度的复杂性和综合性。传统村落的保护与发展，亟需解决大多数保护意识淡薄与局部保护开发过度的不平衡、现代生活方式的诉求与传统物质空间的不适应、环境容量的有限性与人口不断增长的不匹配、保护利用要求与经济条件发展相违背、局部技术应用与全面保护与提升的不协调等诸多矛盾。现阶段，迫切需要优先解决传统村落保护规划和技术传承面临的诸多问题：传统村落价值认识与体系化构建不足、传统村落适应性保护及利用技术研发短缺、传统村落民居结构安全性能低下、传统民居营建工艺保护与传承关键技术亟待突破，不同地域和经济发展条件下传统村落保护和发展亟需应用示范经验借鉴等。

另一方面，随着我国城镇化进程的加快，在乡村工业化、村落城镇化、农民市民化、城乡一体化的大趋势下，伴随着一个个城市群、新市镇的崛起，传统村落正在大规模消失，村落文化也在快速衰败，我国传统村落的保护和功能提升迫在眉睫。

在此背景之下，科学技术部与住房和城乡建设部在国家"十二五"科技支撑计划中，启动了"传统村落保护规划与技术传承关键技术研究"项目（项目编号：2014BAL06B00）研究，项目由中国建筑设计研究院有限公司联合中国城市规划设计研究院、华南理工大学、西安建筑科技大学、四川美术学院、湖南大学、福州市规划设计研究院、广州大学、郑州大学、中国建筑科学研究院、昆明理工大学、长安大学、哈尔滨工业大学等多个大专院校和科研机构共同承担。项目围绕当前传统村落保护与传承的突出难点和问题，以经济性、实用性、系统性和可持续发展为出发点，开展了传统村落适应性保护及利用、传统村落基础设施完善与使用功能拓展、传统民居结构安全性能提升、传统民居营建工艺传承、保护与利用等关键技术研究，建立了传统村落保护与发展的成套技术应用体系和技术支撑基础，为大规模开展传统村落保护和传承工作提供了一个可参照、可实施的工作样板，探索了不同地域和经济发展条件下传统村落保护和利用的开放式、可持续的应用推广机制，有效提升了我国传统村落保护和可持续发展水平。

中国建筑设计研究院有限公司联合福州市规划设计研究院、中国城市规划设计研究院等单位共同承担了"传统村落保护规划与技术传承关键技术研究"项目"传统村落规划改造及民居功能综合提升技术集成与示范"课题（课题编号：2014BAL06B05）的研究与开发工作，基于以上课题研究和相关集成示范工作成果以及西北和东北地区传统村落保护与发展的相关研究成果，形成了《中国传统村落保护与发展系列丛书》。

丛书针对当前我国传统村落保护与发展所面临的突出问题，系统地提出了传统村落适应性保护及利用，传统村落基础设施完善与使用功能拓展，传统民居结构安全性能提升，传统营建工艺传承、保护与利用等关键技术于一体的技术集成框架和应用体系，结合已经开展的我国西北、华北、东北、太湖流域、皖南徽州、赣中、川渝、福州、云贵少数民族地区等多个地区的传统村落规划改造和民居功能综合提升的案例分析和经验总结，为全国各个地区传统村落保护与发展提供了可借鉴、可实施的工作样板。

《中国传统村落保护与发展系列丛书》主要包括以下内容：

系列丛书分册一《福州传统建筑保护修缮导则》以福州地区传统建筑修缮保护的长期实践经验为基础，强调传统与现代的结合，注重提升传统建筑修缮的普适性与地域性，将所有需要保护的内容、名称分解到各个细节，图文并茂，制定一系列用于福州地区传统建筑保护的大木作、小木作、土作、石作、油漆作等具体技术规程。本书由福州市城市规划设计研究院罗景烈主持编写。

系列丛书分册二《传统村落保护与传承适宜技术与产品图例》以经济性、实用性、系统性和可持续发展为出发点，系统地整理和总结了传统村落保护与发展亟需的传统村落基础设施完善与使用功能拓展，传统民居结构安全性能提升，传统民居营建工艺传承、保护与利用等多项技术与产品，形成当前传统村落保护与发展过程中可以借鉴并采用的适宜技术与产品集合。本书由中国建筑设计研究院有限公司陈继军主持编写。

系列丛书分册三《太湖流域传统村落规划改造和功能提升——三山岛村传统村落保护与发展》作者团队系统调研了太湖流域吴文化核心区的传统村落，特别是系统研究了苏州太湖流域传统村落群的选址、建设、演变和文化等特征，并以苏州市吴中区东山镇三山岛村作为传统村落规划改造和功能提升关键技术示范点，开展了传统村落空间与建筑一体化规划、江南水乡地区传统民居结构和功能综合提升、苏州吴文化核心区传统村落群保护和传承规划、传统村落基础设施规划改造等集成与示范，对集成与示范成果进行编辑整理。本书由中国建筑设计研究院有限公司刘晓峰主持编写。

系列丛书分册四《北方地区传统村落规划改造和功能提升——梁村、冉庄村传统村落保护与发展》作者团队以山西、河北等省市为重点，调查研究了北方地区传统村落的选址、格局、演变、建筑等特征，并以山西省平遥县岳壁乡梁村作为传统村落规划改造和功能提升关键技术示范点，开展了北方地区传统民居结构和功能综合提升、传统历史街巷的空间和景观风貌规划改造、传统村落基础设施规划改造、传统村落生态环境改善等关键技术集成与示范，对集成与示范成果进行编辑整理。本书由中国建筑设计研究院有限公司林琢主持编写。

系列丛书分册五《皖南徽州地区传统村落规划改造和功能提升——黄村传统村落保护与发展》作者团队以徽派建筑集中的老徽州地区一府六县为重点，调查研究了皖南徽州地区传统村落的选址、格局、演变、建筑等特征，并以安徽省休宁县黄村作为传统村落规划改造和功能提升关键技术示范点，开展了传统村落选址与空间形态风貌规划、徽州地区传统民居结构和功能综合提升、传统村落人居环境和基础设施规划改造等的关键技术集成与示范，对集成与示范成果进行编辑整理。本书由中国建筑设计研究院有限公司李志新主持编写。

系列丛书分册六《福州地区传统村落规划更新和功能提升——宜夏村传统村落保护与发展》作者团队以福建省中西部地区为重点，调查研究了福州地区传统村落的选址、格局、演变、建筑等特征，并以福建省福州市鼓岭景区宜夏村作为传统村落规划改造和功能提升关键技术示范点，开展了传统村落空间保护和有机更新规划、传统村落景观风貌的规划与评价、传统村落产业发展布局、传统民居结构安全与性能提升、传统村落人居环境和基础设施规划改造等的关键技术集成与示范，对集成与示范成果进行编辑整理。本书由福州市城市规划设计研究院陈硕主持编写。

系列丛书分册七《赣中地区传统村落规划改善和功能提升——湖州村传统村落保护与发展》作者团队以江西省中部地区为重点，调查研究了赣中地区传统村落的选址、格局、演变、建筑等特征，并以江西省峡江县湖洲村作为传统村落规划改造和功能提升关键技术示范点，开展了传统村落选址与空间形态风貌规划、赣中地区传统民居结构和功能综合提升、传统村落人居环境和基础设施规划等的关键技术集成与示范，对集成与示范成果进行编辑整理。本书由中国城市规划设计研究院郝之颖主持编写。

系列丛书分册八《云贵少数民族地区传统村落规划改造和功能提升——碗窑村传统村落保护与发展》作者团队以云南、贵州省为重点，调查研究了云贵少数民族地区传统村落的选址、格局、演变、建筑和文化等特征，并以云南省临沧市博尚镇碗窑村作为传统村落规划改造和功能提升关键技术示范点，开展了碗窑土陶文化挖掘和传承、传统村落特色空间形态风貌规划、云贵少数民族地区传统民居结构安全和功能提升、传统村落人居环境和基础设施规划改造等的关键技术集成与示范，对集成与示范成果进行编辑整理。本书由中国建筑设计研究院有限公司陈继军主持编写。

系列丛书分册九《西北地区乡村风貌研究》选取全国唯一的撒拉族自治县循化县154个乡村为研究对象。依据不同民族和地形地貌将其分为撒拉族川水型乡村风貌区、藏族山地型乡村风貌区以及藏族高山牧业型乡村风貌区。在对其风貌现状深入分析的基础上，遵循突出地域特色、打造自然生态、传承民族文化的乡村风貌的原则，提出乡村风貌定位，探索循化撒拉族自治县乡村风貌控制原则与方法。乡村风貌的研究可以促进西北地区重塑地域特色浓厚的乡村风貌，促进西北地区乡村文化特色继续传承发扬，促进西北地区乡村的持续健康发展。本书由西安建筑科技大学靳亦冰主持编写。

系列丛书分册十《辽沈地区民族特色乡镇建设控制指南》在对辽沈地区近2000个汉族、满族、朝鲜族、锡伯族、蒙古族和回族传统村落的自然资源和历史文化资源特色挖掘的基础上，借鉴国内外关于地域特色语汇符号甄别和提取的先进方法，梳理出辽沈地区六大主体民族各具特色的、可用于风貌建设的特征性语汇符号，构建出可以切实指导辽沈地区民族乡村风貌建设的控制标准，最终为相关主管部门和设计人员提供具有科学性、指导性和可操作性的技术文件。本书由沈阳建筑大学朴玉顺主持编写。

《中国传统村落保护与发展系列丛书》编写过程中，始终坚持问题导向和"经济性、实用性、系统性和可持续发展"等基本原则，考虑了不同地区、不同民族、不同文化背景下传统村落保护和发展的差异，将前期研究成果和实践经验进行了系统的归纳和总结，对于研究传统村落的研究人员具有一定的技术指导性，对于从事传统村落保护与发展的政府和企事业工作人员，也具有一定的实用参考价值。丛书的出版对全国传统村落保护与发展事业可以起到一定的推动作用。

丛书历时四年时间研究并整理成书，虽然经过了大量的调查研究和应用示范实践检验，但是针对我国复杂多样的传统村落保护与发展的现实与需求，还存在很多问题和不足，尚待未来的研究和实践工作中继续深化和提高，敬请读者批评指正。

本丛书的研究、编写和出版过程，得到了李先逵、单德启、陆琦、赵中枢、邓千、彭震伟、赵辉、胡永旭、郑国珍、戴志坚、陈伯超、王军（西安建筑科技大学）、杨大禹、范霄鹏、罗德胤、冯新刚、王明田、单彦名等专家学者的鼎力支持，一并致谢！

陈继军

2018年10月

前　言

传统村落具有深厚的历史积淀和文化底蕴，承载着一个民族的文明基因和文化记忆。村落里的自然生态、故事传说、古建筑、民间艺术和民俗民风都是需要保护和传承的瑰宝。梁漱溟先生曾说过:中国新文化的嫩芽绝不会凭空萌生，它离不开那些虽已衰老却蕴含生机的老根乡村。从2012年至今，国家先后评审认定了四批具有重要保护价值的中国传统村落名录，涉及4153个村落。古村落的保护已经成为建设美丽中国的重要内容。

黄村位于皖南徽州地区休宁县。皖南地区传统村落密集，在黟县有著名的世界文化遗产宏村、西递，以及徽州区的唐模、呈坎，这些都是非常有影响力的传统村落，村内开展了一批传统建筑保护修缮和改造工程，在近些年介绍这些村落的文章报道也比较多，本书在撰写过程中对古徽州六县（包括婺源、休宁、黟县、祁门、歙县、绩溪等六个县）以及宣城地区部分具有相似文化背景的村落进行调查。前两章用了大部分篇幅总结论述调查成果，第三章介绍黄村的特色及保存现状，第四章介绍了黄村相关历史文化要素的保护设计，第五章是对相关设计实施的总结。

选择黄村作为皖南地区研究对象，是因为首先黄村早在20世纪因为荫馀堂迁建美国就已经轰动国际，成为了一个有影响力的村落，也引起更多的社会关注。其次是黄村没有像西递宏村那样将村落旅游搞得轰轰烈烈，也没有像呈坎村那样搞成民宿"网红"，这个村子还像目前徽州地区大部分传统村落一样，村落的保护工作开展了一部分，刚刚处于方兴未艾阶段，比较有代表性。第三是在研究过程中，恰逢村落正在开展历史建筑保护修缮工程，为本书的调查研究提供了良好素材。

在本书的调查撰写过程中也感受到，对于皖南地区的传统村落，传统修缮工艺一直在传承，所以修缮的技术根本不是难题，关键问题还是在于保护管理工作，比如历史建筑修缮中的流程复杂、招投标管理、历史建筑保护修缮的观念与修缮过度问题。同时本书编写过程中查阅有关荫馀堂的资料情况，可以感受到国外这种展示形式也很值得我们借鉴，室内包括墙壁上的报纸、粉笔字都保留着原貌，满满的生活气息，我将其比喻为"主人刚刚串门去了，客人请随意"。

鉴于本书属于大众读物，将一些比较有争议性的内容略去了，原则上大家都赞同保护为主兼顾发展，但是从村落自身实施来看很多细节操作还是很有争议的。本书大部分内容客观介绍皖南徽州地区传统村落的保护工作，撰写过程中也得到安徽省住建厅领导以及黄山市诸多友人的帮助，在有关内容方面多次请教，在此深表感谢。本书中还存在较多有不同技术参与村落建设，书中只选取了一部分进行介绍，比如徽派传统建筑修缮过程中，我们看到有关木结构构件的修缮，从防腐等角度有采取刷桐油的，这类主要是传统建筑改造为民宿等功能；有浸泡防腐液的，这种是在一些企业的建设项目方案中；当然本地做法中最常见的还是将原木放置一段时间（主要是水分控制和虫卵处理），然后加工成构件，这种做法在传统建筑中可能短期会看到新旧材料交替的斑驳效果，也正是这种做法体现了材料与建筑共同生长的过程，在日本主要采取了这种修缮做法，但是在黄山地区调研中很多村都反应白蚁治理的问题，不加处理的木料又很容易遭受白蚁的啃食。此外涉及到村落风貌的内容，社会各界更是褒贬不一，在此我们也尽量客观介绍村内的做法。有一些村落建设做法鄙人不赞同的，比如黄村舍弃原来的水口，及原来的牌坊和男女祠建设所在，又从村东新建一条路入村，也只在此一句话来提，书中没有整段论述。

以往对徽州村落、建筑的介绍专著极其丰富，这本书的特色是既有对徽州文化、历史的介绍，也包括了村内近些年建设的总结，以及一些实际建设工程的简单介绍。原本计划把传统建筑修缮过程中很多木构件的拆卸、组装、修缮等过程介绍给大家，却因为诸多问题没能完成。在本书编写过程中，我和同事们调研了黄山和宣城两个市域百余个村落，我也背包在黄山和婺源等地多处游览，并结识了歙砚制作、徽墨胡开文传承人等一批文化名流，越发感觉这本书写的太少，介绍的都是浅显知识，能借这本书把黄山的村落介绍给大家就满足了。

目 录

第 5 章
/
实施效果

103

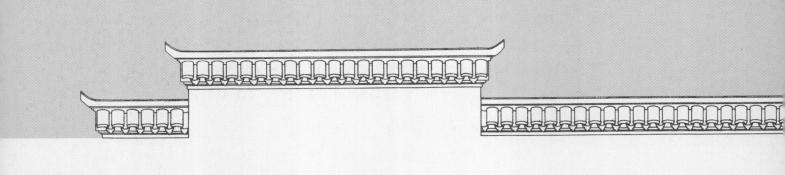

第1章

皖南徽州地区传统村落调查

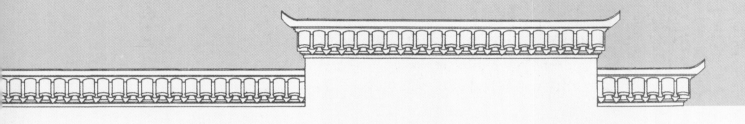

1.1 皖南徽州地区传统村落分布

截至目前，全国分四批共评选公布传统村落4157个，安徽省163个村落被列入中国传统村落名录（第一批25个、第二批40个、第三批46个、第四批52个），从全国传统村落数量分布来看排名第9位，主要分布于黄山市、池州市、宣城市、安庆市、六安市、铜陵市、合肥市、芜湖市和滁州市，淮河以北则无村落入选。村落分布整体呈现南方多、北方少，东南和西南多、东北和西北少的分布特征，主要分布在皖南山区，以黄山市及绩溪县最为集中，共计101个，占安徽省传统村落总数的62%。

黄山市是古徽州地区的核心地带，歙县是徽州府所在地，古徽州六县中除绩溪划归宣城市、婺源划归江西省外，其余歙县、休宁、黟县、祁门四县都在黄山市。本书研究的皖南徽州地区包括黄山市和宣城市绩溪县。

1.2 皖南徽州地区传统村落特色

1999年的联合国教科文组织第二十四届世界遗产委员会上，安徽省黟县西递、宏村两处古民居以其保存良好的传统风貌被列入世界文化遗产，这是黄山风景区内的自然与文化景观第二次登录世界文化遗产目录，也是国内继北京后第二座同时拥有两处以上世界遗产的城市，同时也是世界上第一次把民居列入世界遗产名录。西递、宏村古民居位于中国东部安徽省黟县境内的黄山风景区。西递和宏村是安徽南部民居中最具有代表性的两座古村落，它们以世外桃源般的田园风光、保存完好的村落形态、工艺精湛的徽派民居和丰富多彩的历史文化内涵而闻名天下。西递和宏村是皖南古村落中最具有代表性的两座古村落，是皖南地域文化的典型代表，也是中国封建社会后期文化的典型代表——徽州文化的载体。集中体现了工艺精湛的徽派民居特色，村落形态保存完好，风光秀美。村中自古尊儒术、重教化，文风昌盛，集中体现了明清时期达到鼎盛的徽州文化现象，如程朱理学的封建伦理文化、聚族而居的宗法文化、村落建设中的堪舆文化、贾而好儒的徽商文化，因此历史文化内涵深厚。

1.2.1 地理环境

徽州，位于安徽省南部，地处皖、浙、赣三省的交界处。这里山岳绵绵，横亘着黄山、齐云山（白岳）及其余脉，缠绵数百里，形成皖南的丘陵地带。由于地处中亚热带地区加上独特的地形，形成了温暖湿润的气候条件。正是由于这样的地理和气候条件，使得徽州的古林形成了其独特的魅力和风格。整个徽州就是一个大的园林，一个"中国画中的乡村"。徽州地形可谓"八分半山一分水，半分农田和庄园"。境内群峰参天，山丘屏列，岭谷交错，有深山、山谷，也有盆地、平原，波流清澈，溪水回环，到处清荣峻茂，水秀山灵，犹如一幅风景优美的画图（图1-2-1）。多少文人墨客对她产生了念慕之情，有的游客甚至"爱其山水清澈，遂久居"。由于徽州的山地丘陵地形与金衢盆地及杭嘉湖平原形成落差，此处的溪流大部分呈东去之势，更无形中加深了徽州与杭州的联系。新安江是徽州地区的主要水系，发源于安徽省休宁县与江西省交界处的五股尖山，有两大支流，南支称率水，北支称横江，于屯溪附近的老桥下汇合后，始称新安江。其干流经休宁、歙县，至街口入浙江省新安江水库，至浙江省与分水江汇合称富春江。富春江流经富春县至闻家川与浙江省的衢江汇合后，方称钱塘江。钱塘江的北源（正源）新安江发源于徽州休宁县怀玉山六股尖，南源衢江亦发源于徽州休宁县龙田乡青芝埭尖，因此休宁堪称是真正的钱江源头。

图1-2-1　明弘治《徽州府志》山阜水源图❶

❶ 引自《中国古地图辑录安徽省辑》，星球地图出版社。

1.2.2　村落发展背景

皖南地区的经济开发相对较迟。东汉至南北朝时期，被称为"山越"的土著居民农业生产技术落后，直至孙吴政权地方官及北方迁来的世家大族着手修水利、事农桑后，农业逐渐普及开来。其中皖南沿江地区的水稻种植已有一年两季收成，而徽州山区仍然落后，农业生产呈星点分布，未能连片。但是，沿江平原区域依托着良好的区位与资源优势，东晋以后，就有商业和商镇逐渐勃兴，先后出现宛陵、姑孰、芜湖三个商埠和手工业中心。

唐代的皖南地区，农业经济主产区是地理上紧邻苏浙的东北部及沿江地区，即宣城、南陵、芜湖及沿江地区。由于这些地区湖泊河流较多，围湖造田（即圩田）渐成气候，增加了田地面积，水稻产量也得以提升。蚕桑养殖一年出茧八次之多，可见产量之高。与此同时，唐末中原望族迁入带来了先进的农耕和手工业文明，促进了造纸、制墨、印刷等手工业的发展。

两宋时期，皖南地区的农业、手工业发展达至历史上一个鼎盛期。北宋皖南东北部及沿江地区以水稻种植、蚕桑养殖及茶叶为主。到了南宋时，皖南圩田发展至全盛时期，由于圩田有水利保障，旱涝保收，亩产量较高，成为南宋朝廷的大粮仓。沿江地区的农民还利用丰富的水资源发展水产，渔业已普遍实行养殖。此时，南部徽州丘陵地区因大批北方人南迁，粮食需求陡增，因土地匮乏，迫使更多的人从事土特产品及手工业生产，日积月累，超过了种植业，成为经济支柱。

元在统一全国后在中原、江南等地实施一系列恢复农业的措施，元朝廷为加强控制，在江南包括皖南地区招募劳力去江北开荒种地，并给予某些政策优惠。总体而言，元朝时期的皖南地区经济业绩平平，但也未遭受破坏，南宋时期的经济状况基本保持下来。

明清时期安徽地区的商品经济逐步发展，除了农副产品的商品率有所提高外，具有货币经济关系的手工业和商业是明清时期经济发展的两大特点。明代以来，芜湖已成为沿江和皖南地区手工业与商业中心，手工业以纺织、印染、冶炼和铁工制作最为显著，商业以芜湖米市为著称。南宋时期就活跃于皖南地区的徽商，至明清（中期）更是将商业发展至全国，并与日本、东南亚诸国开展贸易往来，在中国商业史上居重要地位。

1.2.3　村落特色

1.2.3.1　选址讲究

皖南传统村落多起源于唐宋，躲避北方战乱逃避徽州。受程朱理学影响，村落重视选址环境，讲究堪舆文化，均选址在枕山环水面屏的环境中。

徽州环境多山多水，山中盆地是不可多得的居住场地，田园更加珍贵。村落选址于山

图1-2-2　**歙县凤池村**
（图片来源：自摄）

水之间，讲究"背山，环水，面屏"，基于山多地少的节地原则和安全心理，徽州村落多集中在山坡与谷地交界处，这样前有明堂田地，后有靠山扶持。村落建筑的外部轮廓线也因此有了高低错落变化，极大丰富了村落形态。如歙县凤池村，背靠山，前有新安江水环绕，村落在山脚下呈带状展开（图1-2-2）。

徽州多为丘陵带，山峦起伏，山体就不得不成为村落选址首要考虑的因素了。民俗有云"山厚人肥，山清人秀，山驻人宁"，因此山的厚、清、驻等特点也就成了民居选址的准则。同时，对于水体的选择与讲究也是村落选址的另一个注意事项，古代堪舆中认为水象征着财富，并且以蜿蜒曲折者最能留住财气。综上结合山、水两方面的标准考量，徽州村落选址大都利用天然地形环境，因地制宜，做到背山面水、负阴抱阳，随坡就势，选址于山谷内相对开阔的阳坡或山南面的缓坡上。村落居于面南的坡地，不仅可以获得开阔的视野和充足的自然光照，又可以避免洪涝灾害和有利于排洪泄洪，择水而居同时也可以获得灌溉、洗涤、防火和航运等方面的便利条件。

徽州人依据堪舆学中选址布局的要求，非常重视山的气势，水的流向，选择平整而宽敞的明堂处建造村庄。因此村落最终大多都依山傍水且建筑群落密集，巷道纵横交错，整体形态布局非常有特点。同时徽州人这种对传统村落选址和布局中体现出来的和谐人居环境观，在徽州的堪舆文化中得到了充分展现。"风水之说，徽人尤重"，徽州传统村落几乎逢村必卜。《朱子语录》有过记载，徽州"古时建立村庄之际，乃以堪舆家之言，择最吉星缠之下而筑之，

谓可永世和顺也"，可见徽州风水文化之盛行。聚落选址和布局多以"依山建屋、傍水结村"，"枕山、环水、面屏"等为参照原则，具体选址则是由堪舆先生选择吉处而确定。

自然选择和人文堪舆选择双重选择的结果，使得徽州的传统村落和自然环境背景浑然一体的同时，也考虑了村民生产、生活上的便利，以及满足村民精神上的需求。民居建筑、水口、道路、坦、池塘、水渠等生活设施的设置，为居住在其中的村民提供了生活所需的同时，也尽量满足与自然的协调统一以及避开堪舆文化中的忌讳。这种将河流作为村落的血脉，将山峦作为村落的自然屏障，形成背山面水、负阴抱阳、枕山环水面屏的村落选址形态特征，村落的整体轮廓与所在的地形、地貌、山水等自然风光取得和谐统一，族系得以更好地生存、发展、繁衍。

徽州地区诸多村落都可以拿来作村落空间的典型，除了世界知名的宏村西递，还有如被朱熹推崇为"江南第一村"的歙县呈坎村（图1-2-3～图1-2-6）。呈坎村隶属于安徽省黄山市，位于新安江上游，黄山白岳之间，北与黄山风景区相距40公里，至国家级历史文化名城歙县县城26公里。村落历史至少可追溯到1800多年前东汉时期，村内相传有"先有金、孙、吕，后有二罗（前罗、后罗）、程"的说法，即"金、孙、吕"氏家族先在此繁衍生息，后罗、程等家族搬迁至此，孙家巷和汉代吕家井、金家井等遗迹有所印证。呈坎古称龙溪，真正有文字记录的历史始于距今1100多年前唐末，江西南昌府罗氏为避战乱和经商辗转来到此地。罗氏始祖深谙天文地理堪舆阴阳之术，"通诗人辞赋之要，地理之术，天文之秘，知而不言"，"讲究易义，洞贯星云"，经考察此地山环水绕，五星朝拱，"可樵"、"可耕"、"可易"，可开百世不迁之业的栖居地，并易名"呈坎"，取"盖地仰露曰呈，洼下曰坎"之意。宋代，罗氏家族凭借经商和教育，逐渐发展壮大，高官、大贾、名儒辈出，成了呈坎

```
3
  ┌─────────
  │  4
  ├──────
     5
```

图1-2-3　呈坎村
　　　　（图片来源：自摄）

图1-2-4　呈坎村水塘
　　　　（图片来源：自摄）

图1-2-5　呈坎村古桥
　　　　（图片来源：自摄）

大姓。明弘治年间（1488～1506年），为适应发展的势头，在雄厚经济和技术实力支持下，以堪舆术理论为指导，村庄进行了一次大规模的改造，基本形成了呈坎村现在的形态格局和规模。

村落依葛山、龙山，傍潨川河，而灵金山、下结山而建，背靠大山，地势高，负阴抱阳，山水环绕，宛如太师椅状，整个环境构成"左青龙、右白虎、前朱雀、后玄武"的态势，村落恰好位于"藏风聚气"的穴位。冬季寒冷的西北风被背山所挡；夏季东南风顺河吹来，凉爽湿润，形成优越的小气候。四周山地环绕的潨川盆地，地势开阔，面积较大，为农耕生产提供了较丰足的土地资源。呈坎村整体环境最大特色就是以水系为重要设施规划全村，前面河、中间圳、后面沟，合理的组织了村内给排水体系。隆兴桥、环秀桥等点缀在水系之上，形成优美的人文景观。以易学理宗为依据，村内精心规划五街九十九巷，构成了呈坎村独具特色的八卦村格局，每条小巷都以石板铺砌，有排水渠将雨水排入河塘。

呈坎现存有元、明、清各个不同时期的祠堂、古社屋、古民居、亭、桥、更楼等古建筑130余处，其中有罗东舒祠和明代建筑群两个国家级文物保护单位。精湛的工艺和巧夺天工的石雕、砖雕、木雕、彩绘将徽州古建筑艺术的古朴、优雅、清幽等特征体现得淋漓尽致。呈坎文风昌盛，名人辈出，其中有宋代吏部尚书罗汝楫、元代国子监祭酒罗绮、制墨大家罗龙文、扬州八怪罗聘等名人，保留有董其昌、林则徐等历代名人题写的牌匾30余幅。

皖南徽州地区四面环山，与外界流通货物，运出茶叶土产，而徽州本地山多地少，粮食不足，需要依靠杭州等地供应运入粮食。沿着新安江舟船首尾相接，货运繁忙，最远可以逆流到达黟县。在水湾处以及河道交汇处，往往形成货物集中地，此后兴建码头，逐步演化出城镇。这就是另一类典型代表传统村落，交通商贸型村落，典型代表是渔梁村。

渔梁坝村在歙县徽州署东南不足一公里处，古圳渔梁坝兴建于隋唐，已经有近1400年使用历史（图1-2-7、图1-2-8）。水坝的作用提升了练江水位，保证了河道同行安全。资川等河道在徽州西汇集成练江，大量货物在渔梁坝处转运。一部分运送到徽州城，一部分货物在此汇集运出去，更有一部分船货要通过水坝，需要在此经人工卸船从水坝上游运到下游，再继续装船运输。

$$6\ \begin{vmatrix} 7 \\ 8 \end{vmatrix}$$

图1-2-6　呈坎村传统建筑
（图片来源：自摄）

图1-2-7　渔梁坝
（图片来源：自摄）

图1-2-8　渔梁村码头
（图片来源：自摄）

渔梁村在唐代已形成街市，明清时期，徽州与杭州、南京、上海等外界的联系依靠新安江这条唯一的水路，渔梁村因紧靠徽州署和濒临练江码头而发展成为当时徽州最繁华的水运商埠和商业街区（图1-2-9）。

渔梁村位于练江北岸，一条古街贯穿形成商业街，整体造型确实如鱼梁。在古街每隔不多远就有通往江边的小巷，巷子的尽端就是江边码头。古时商人为了运送货物经过水坝，要在水坝上下游分别装卸货物，这也就形成了村内的上下码头。

决定渔梁村选址的主要有三个条件，第一是上游一公里处，有布射河、富资河等河流交汇于此，上游的货物都随着水运汇聚于此，沿着练江入新安江可直达杭州；第二临近徽州州署，地方区位优势明显，是人员汇集地；第三，也是最关键的，渔梁坝修建在练江这片水湾处，这里水势稍缓，适宜建水坝，这对于土地耕种条件则显得不那么重要了（图1-2-10、图1-2-11）。

图1-2-9　渔梁坝古街
（图片来源：自摄）

图1-2-10　皖南主要水系
（图片来源：李志新 绘）

图1-2-11　清乾隆版歙县志❶

❶ 引自《中国古地图辑录安徽省辑》，星球地图出版社。

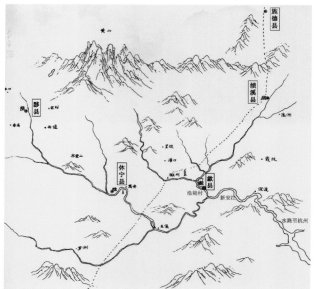

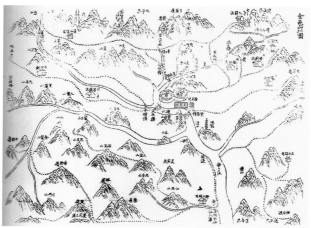

阳产村隶属于安徽歙县深渡镇，被评为中国第二批传统村落，皖南地区鲜有的土楼特色的村落。村落处在千岛湖黄金旅游线上，距离深渡镇六公里，临近新安江，空气湿润，区域内物产丰富，盛产高山茶叶、板栗、蚕桑等。阳产村内村民以郑姓家族为主，郑姓于宋时由歙北上律村迁至定潭，明末清初，荣阳郡第百代祖孟留公又从定潭迁至阳产，村落由此逐渐发展形成。

"阳产"在徽州古话中是指一个向阳且非常陡的山坡地。阳产村选址于半山腰近山顶处一处山窝中，面朝西南背靠高山，左右山头如同伸出的手臂护住村子（图1-2-12、图1-2-13）。村落依清泉而建，有山溪泉眼从村内山窝汩汩流出形成上清河。与皖南其他合院型民居不同，阳产村民居都是独栋土楼，一栋栋蠡立在山腰，石板铺砌的山路小巷曲折蜿蜒于各土楼之中，整个村落营建恰当地结合了自然地势。村落的选址营建体现了中国传统环境"堪舆学"崇尚自然，奉行"天人合一"的自然格局，构建了和谐共生的山村环境特色。阳产村的建筑以土楼为主，红色的泥巴土楼群是其最大特色。建筑以青石为基，上面用红土夯建筑土楼，可以在四面开比较小的窗洞，最高可达五层。楼层之间以木结构做楼板插入土墙之中，在最顶层覆盖灰瓦坡屋顶。现在阳产村建造土楼的传统技术作为一种非物质文化也得以保留。阳产村产高山茶，从采摘到杀青成品全部手工完成，每年春天采茶季节可以在村内见到传统的炒茶师傅在门口空地架起铁锅炒茶。阳产古村落是融深厚的文化内涵、优美的山林风光、独特的土楼建筑和淳朴的民风民俗于一体的皖南山地型村落。

12 | 13

图1-2-12 **歙县阳产村**
（图片来源：自摄）

图1-2-13 **歙县阳产村**
（图片来源：自摄）

1.2.3.2 善于理水

依托新安江及其各个支流，皖南传统村落均依水而建，并且善于理水。村内多修建水圳，挖塘蓄水以供村民取用村落理水，村内引水做水锥、水磨，这些在《天工开物》等古书中就已经开始记载。除了修挖水圳、水坝，在徽州地区最具有典型代表性的还有水口营建。水口作为村落的首要门户和守护神祠，是重要的乡愁元素，是村民情结的寄托。

水口的理论与营造构成了堪舆中最具魅力的部分。水口是徽州古村落外部空间的重要标志，也是村落内涵的灵魂，关系着整个村庄的"吉凶祸福"。"水口"一词本就源于堪舆术，"水口山"是指众水汇流出口处的两岸之山。河川两侧如果没有使水口迂回曲折的山，那么水流直奔而下，"生气"就会散失殆尽。水流幽缓曲折，在山涧迂回，被认为大吉。并以"犬牙交错"的水口为最佳，为使水口在堪舆上具有好的象征意义，水口山多被冠以"龟蛇"、"狮象"之类成对的动物名称。此处有山嶙峋，有水蜿蜒，这正是许多古村落在此建园的天然条件。因此，徽州古村落中的水口无论是从总体的选址布局还是到细部的空间营建处处体现着徽州人的堪舆学思想。

村落理水的典型案例有前文提到著名的宏村、呈坎等，在徽州地区讲究水口营建最具有代表性的当属唐模村。唐模村是中国历史文化名村，位于黄山市徽州区，与棠樾、岩寺、潜口、呈坎等历史名镇名村接壤，这里是安徽省历史村镇最密集的地区。唐模村以水口、园林、水街、廊桥和民居的组合为特色，堪称乡村园林胜景。唐模村始建于五代时期，汪姓始祖精于天文地理，选址在此营建，适时五代后唐建立，为感念唐代帝国，取名唐模。村内以汪、许、吴、程等四大家族为主檀。干溪从村内自西向东穿过，村主要民居修建在溪北侧。溪水从村东流出，在村东口营造水口以锁住财运文运，塑造了一片胜景（图1-2-14）。

唐模村村口位于东部，沿溪逆流而上，进入村口，古樟树下有一座沙堤亭，也是奎文阁。亭为三层，玲珑小巧，四角翘檐。石路自亭穿过，西行数十米到"同胞翰林"坊，达檀干园。檀干园是一处小型湖泊水景，由村内许氏修建，被誉为小西湖，在徽属园林中享有盛名。园内植丹桂碧桃垂柳，模拟西湖景致，再有鹤皋精舍、响松亭等建筑精妙点睛，富有文人雅趣（图1-2-15~图1-2-18）。再沿溪而上，过灵官桥，渐入村。村内沿溪岸两侧修建民居形成水街，按传统堪舆习惯，民居大部分修建在了溪水北岸。水街长约千米，溪上架桥十余座，联通两岸。村内有祠堂四座，明清古民居一百余座，皆面水而建。唐模村以经商而兴，盐业、典当、茶叶、丝绸等是当时的主要经营内容。在清康乾时期，商业达到鼎盛，现存的大部分精美的民居大院都是在此之后修建完成，比较有代表的如许承尧故居等。唐模村营建富有中国传统文化特色，自然山水与人文建筑相得益彰，是最具中国文人文化韵味的园林式乡村典范。

西递村所在南北山岭环抱相拥，形成一片略宽阔的山坳，在西递村西1.5公里处，山坳的西端溪水流出的位置，南北两峰在此犬牙交错，形成"砂"❶，是一处绝佳的水口（图1-2-19）。单纯的山还不够，水口还要有水口林、水口祠等一系列自然和人工建设的设

❶ 堪舆学中名词，在"穴位"周边进出口等位置高起来的山丘、楼阁等设施，形似门阙，用于守卫，是堪舆学中的重要内容。

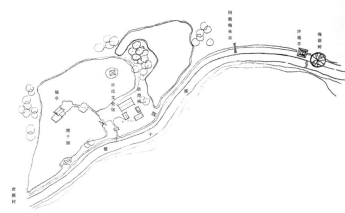

14	15
16	18
	17

图1-2-14　**唐模村水街**
（图片来源：自摄）

图1-2-15　**唐模村水口**
（图片来源：李志新 绘）

图1-2-16　**唐模村水口檀干园**
（图片来源：自摄）

图1-2-17　**唐模村同胞翰林坊**
（图片来源：自摄）

图1-2-18　**唐模村水口八角楼**
（图片来源：自摄）

施。西递村族谱记载西递村水口中心有两组建筑，靠近外侧是凝瑞庵，靠近内则左上角应该是关圣殿，再远处还有一座五层塔（图1-2-20、图1-2-21）。清《黟县志》记载修建于清顺治六年，由僧人瑞生募捐。凝瑞庵于1826年毁于火灾，1840年恢复，《黟县三志》记录："凝瑞庵在西川水口。道光丙戌六月，僧不戒于火，仅存关圣前殿未毁……嘉庆庚辰创造水口魁星楼、凤山台，环抱桥，骋怀园、荷花池亭诸胜景……重造凝瑞庵……始复旧现。"

在这段描述中西递村水口设施有怀园、荷花池亭、魁星楼、凤台山、环抱桥、凝瑞庵、关圣殿等诸多景物。此外还记载在明代时期此地有华真人（华佗）庙、土地庙等，土地庙中还有社庙、塑社公、社母像。对面为梅峰，由此考证水口北山峰为梅峰。新中国成立后水口位置曾作为西递中学校址，原水口建筑多在20世纪60年代拆毁。如图1-2-20所示景象为水口建筑于近年恢复重建。

1.2.3.3 聚族而居，以宗祠为核心

战乱年代举族迁徙地营建村落，宗祠占据核心位置，聚合了村内的家族。皖南村落中非常重视宗祠建设，宗祠建筑居于核心或水口重要位置，高大华美，装饰繁琐，成为村子的典型象征。

南迁的中原人不乏衣冠巨族，他们本来就有着强烈的宗法观念、严密的宗族组织，入徽后生存的需要、文化的传承，促使中原世族极力维护、强固原有的宗法制度，聚族而居、尊祖敬宗、崇尚孝道、讲究门第成为徽州社会风尚。宋代，程朱理学故里的徽州深受其影响，宗法观念成为"天理"，朱熹的《家礼》成为徽州人维系与强固宗族制度的基本准则。在宗

图1-2-19　西递村选址环境分析图
（图片来源：李志新 绘）

图1-2-20　西递村水口
（图片来源：自摄）

图1-2-21　西递村族谱水口

法观念和宗族组织的支配、控制下，个人的升迁荣辱同宗族紧密相连。提高宗族的社会地位，有利于实现自身的理想和价值，自身的成功则可荣宗耀祖，提高本宗本族的社会地位。业儒入仕、荣宗耀祖是古时中国人的终极目标，徽州人也不例外，特别是他们中的世家大族，入宋以后虽不能恃门第之崇高而取得官职，但却能凭其家学渊源，走科举入仕之途。徽州宗族制度盛行，宗族观念浓厚，讲究聚族而居，宗族文化由来已久。为了加强宗法制度和巩固宗族势力，徽州人常常勤修族谱，其次的一个重要举措就是选取村中的宝地营建华丽、恢宏的祠堂，以此标榜家族势力和宗教礼仪，强化当时社会的最高道德。

祠堂的建设随着宗族文化的发展越演越烈，宋代时，祠堂还只是住宅的一个部分，到了明代，首辅夏言奏请臣民祭祀立祖之后，各宗族便开始了大建祠堂之风，清代时，祠堂已成为了门楼高耸、匾额堂皇的标志性建筑物。位于徽州绩溪龙川水口的胡氏宗祠被誉为江南第一祠，为徽州古村落景观增添了亮丽的一笔，成为徽州特色景观不可或缺的要素。旌德县江村江氏宗祠、西递村胡氏宗祠等，都是祠堂建筑的典型代表，在歙县棠樾村等一些村落，甚至区分了男女祠，打破了女性不入宗祠的习俗（图1-2-22~图1-2-30）。

图1-2-22　**江村江氏宗祠**
（图片来源：自摄）

图1-2-23　**西递村胡氏宗祠**
（图片来源：自摄）

图1-2-24　**西递村胡氏宗祠**
（图片来源：自摄）

图1-2-25　**宏村祠堂**
（图片来源：自摄）

	26	
27		28
29		30

图1-2-26　**歙县棠樾村**
（图片来源：《棠樾》）[1]

图1-2-27　棠樾村平面[2]

图1-2-28　棠樾村口平面[3]

图1-2-29　棠樾村口牌坊群
（图片来源：自摄）

图1-2-30　棠樾村口祠堂
（图片来源：自摄）

[1] 徽州古建筑系列丛书《棠樾》，东南大学出版社。

[2] 徽州古建筑系列丛书《棠樾》，东南大学出版社。

[3] 徽州古建筑系列丛书《棠樾》，东南大学出版社。

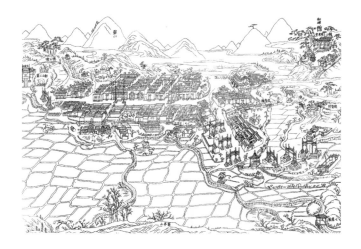

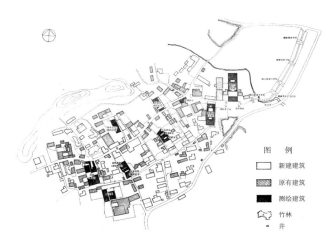

图　例
□　新建建筑
▨　原有建筑
■　测绘建筑
⌂　竹林
井

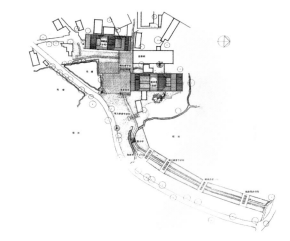

1.2.3.4 层次丰富

由于山多地少且人稠密，皖南村落民居建筑十分密集，徽派的四合小天井、粉墙黛瓦马头墙成为皖南建筑的典型特征。民居顺地形而建，夹缝中形成了空间层次丰富的巷道（图1-2-31~图1-2-33）。

在徽州，集居型村落是村落布局形态的主要形式，特别是明清两代，徽州不仅以集居型村落为主，而且规模往往较大。徽州志书家谱多有较为详细的记载。徽州"每逾一岭，进一溪，其中烟火万家、鸡犬相闻者，皆巨族大家之所居也。一族所聚，动辄数百或数十里"。可见，明清时期徽州村落发展到鼎盛时期，规模宏大，盛况空前，表现出典型的集居型村落的村落格局形态。徽州多集居型村落有其内在的必然。首先，地形条件为徽州的集居型布局提供了可能。徽州多山，境内山地约占70%，但山脉之间不乏山间盆地和山间谷地，为集居型村落布局提供了良好的生存与发展空间。基于村落少遭受洪水侵害以及节省盆地、谷地中耕地的考虑，村落往往分布于盆地、谷地边缘地带，而不是位于盆地、谷地中央部分，在此建立的村落处于"背山临田畴"位置：村落建在山麓地带，田畴可以一直延伸到村的边缘，盆地、谷地虽然比较平旷，但处于山地与盆地、谷地交接过渡地带的村落总不免有一些起伏错落的变化，民居多顺应地形随高就低，朝向也不尽一律，从总体看既曲折又高低错落，颇具自然美感。村落紧紧地贴近于田畴，有些村落还有水塘穿插其间，水塘里常喂养鹅鸭一类的水禽。于是，一年四季随着时节的更迭，田畴里农作物季相交替变化，村落往往呈现出生机盎然的田园风光。

例如安徽歙县瞻淇村，有千年的历史，既是一处人口密集的大规模村落，也是一处商业古道村落。瞻淇村隶属于黄山市歙县北岸镇，中国历史文化名城歙县古城东八公里处，为第二批中国传统村落。瞻淇村始建于唐代，是一个血缘宗族村落，至今已有1300年的历史，村名来自《诗经》之中的《淇奥》："瞻彼淇奥，绿竹猗猗。有匪君子，如切如磋，如琢如磨。"这是一首赞美君子的诗歌，村以此命名表达村人对君子美德的追崇。瞻淇村历史文化底蕴深厚，历史上私塾、书院、文会较多，注重文化教育，历史上名人众多，有清朝著名数学家汪莱，其著有《衡斋算学》等。

瞻淇村在明清时期发展最为鼎盛，依托徽商往返徽州、杭州必经的徽杭古道，形成一条商业街。村内大部分原有民居在古商道北侧，南对河道，背山面水。徽州村落注重营建水口，瞻淇村村口有四棵古樟侍卫，义德庙曾经坐落在村西口。沿古商道自西向东延伸出一条约1.5公里的主街大路街。再以主街为中心轴向两边密布多条巷弄和民居，街巷系统完整（图1-2-34）。村内古民居与

31	32
33	34

图1-2-31　**渔梁村古街商业街**
（图片来源：自摄）

图1-2-32　**呈坎村历史街巷**
（图片来源：自摄）

图1-2-33　**阳产村小巷**
（图片来源：自摄）

图1-2-34　**瞻淇村古街**
（图片来源：自摄）

祠堂等基本完好，保存完整的明清古建筑约102幢，如天心堂、承荫堂、宁远堂、九世同堂、兰芬堂、京兆第、资政第、居然旧居、存省轩等，每一座院子都有一段历史，曾经居住过著名的数学家、桥梁水利专家等一代名人。建筑以四合院为基本单元，成组团布局，局部小院子又独立成套，有主有次，空间丰富。院内狭小的天井院，正对厅堂，两侧是卧室，均采用木雕花门窗，装饰繁琐精美。主院内一般只放盆景，辅助性院内则多栽种花卉。一般临街院落面对大街为牌坊式大门，砖石雕刻成牌坊形式，借助主街宽阔尺度展示风采。独立的四合院在面对狭窄街巷时候只开两三尺宽的门（图1-2-35、图1-2-36）。

其次，水源是徽州村落格局形态的主要因素之一。充沛的降水使得徽州水系发育、河网密布，地表水资源丰富。一般河流上游河段地处中山区、中低山区，纵比降落较大，河水流速较快。而下游地区，特别是一些较大的河流中下游河段进入山间盆地、山间谷地，地势平坦，河流流速和缓，适合人们生产、生活汲水，适合人类聚居。登源河是绩溪境内第一大河，发源于长坪尖南麓，上游称逍遥河，处于逍遥溪峡谷中，水流湍急。下游河段谷地宽广，小溪众多，河漫滩发育，体现出平原性河流的特征。因此，下游谷地分布着密集的村落，20公里左右的河流谷地分布了数十座村落，其中，大中型村落就有七座（图1-2-37～图1-2-39）。

图1-2-35 **传统院落**
（图片来源：自摄）

图1-2-36 **瞻淇村传统院落**
（图片来源：自摄）

图1-2-37 **宏村山水图**
（图片来源：李志新 绘）

图1-2-38 **宏村南湖**
（图片来源：自摄）

图1-2-39 **朱旺村**
（图片来源：自摄）

　　徽州山地之间的平川之地和丰富的水源为集居型村落的产生与发展提供了重要的物质基础，山间盆（谷）地与河流两者往往相伴而生。从发生学的角度看，山间盆地、谷地为河流发育提供了较为广泛的汇水面积，为河床发育提供了较大的空间。同时，河流发育又进一步塑造了山间盆地、谷地，特别是中下游河段的堆积作用形成了山间盆地。谷地丰厚、肥沃土层。因此，徽州较大的山间盆地、山间谷地必有较大的河流，较大的河流必然塑造出较广阔的平川之地。

　　集居型村落根据其布局的几何形状，主要可分为块状村落、带状村落和梯形村落等。块状村落是徽州集居型村落的主要类型。块状村落一般呈不规则多边形，村落平面结构的南北轴和东西轴基本相近，有些大致呈长方形。比较规则的块状村落，内部往往伴有方格状结构。块状村落一般位于山间盆地和山间谷地，紧凑且占地少，住宅集中，生活方便，封闭性强（图1-2-40）。

　　在黄山市黟县，由于县城被黄山、齐云山等山脉围合，中间成为一处盆地，在皖南这种山多地少的地带，这种适宜居住耕种的环境是十分难得的，在这块几十平方公里的土地上，现保存有屏山、秀里、南屏、关麓等20余个传统村落（图1-2-41）。

图1-2-40　西递村鸟瞰
（图片来源：自摄）

图1-2-41　黟县山谷盆地内传
统村落分布
（图片来源：李志新 绘）

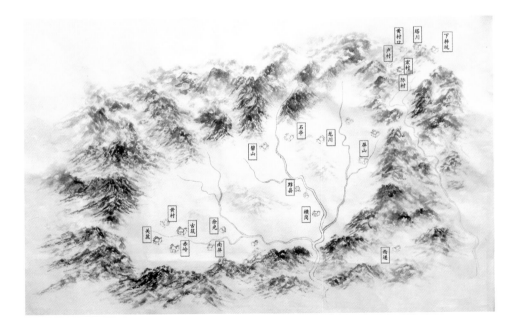

1.2.3.5　丰富的非物质文化遗产

皖南地区由于商品经济发展繁荣，徽商经营繁茂，生产力大幅增长，成为地区经济和文化中心，世家大族聚居在此。在这样的发展背景下，皖南地区形成了独具地方特色的传统文化习俗、技艺和艺术，并在其形成后及其演进的过程中，因其自身地域优势，拥有较强的影响力、扩张力和渗透力，从而对周边邻近地区乃至国内外一些地方的同类型资源具有较强的辐射性。如传统技艺方面，历史皖南境内的许多传统技艺，对周边地区乃至国内外一些地方的同类型手工技艺产生了较大影响，对它们具有较强的辐射功能，许多成功元素和因子为它们所吸纳。

如茶叶制作工艺可追溯至南北朝时期，太平猴魁、黄山毛尖和祁门红茶等手工制作技艺在其制作技术不断得到继承和完善，在国内普遍流传，还远传至日本、欧美等地。其中祁门红茶成为国际三大知名红茶之首，在国际巴拿马博览会获得茶叶金奖。宣纸、宣笔、歙砚和徽墨的制作技艺源远流长、独树一帜，具有极高的历史、艺术科学价值，在明清时代发展到鼎盛，以胡开文、诸葛氏、张迁等为代表的文房四宝制作大师不仅传承传统制作技艺的精髓，并且将其发展推广。胡开文生产的地球墨也是在国际巴拿马博览会取得金奖的知名品牌，如今全球制墨行业最顶尖的技术、最纯正且仍在传承的工艺都在徽州地区。胡开文制墨工艺也是新中国成立初期经周恩来总理亲自批示，获得国家技术力量支持的传统工艺，此后成为国家首批老字号生产企业❶，成为国家珍贵的传承300年以上的企业（图1-2-42、图1-2-43）。宣纸制作技艺更因本地所产的沙田稻草和檀树皮，成为世界仅有的最正宗、最高质量的宣纸生产地。徽州歙砚开采于唐代，一直延续了1500年，歙砚的制作技艺传承至今，也是国家的非物质文化遗产。这些珍贵的民族传统工艺传承至今，很大程度上也取决于传统村

❶ 胡开文墨厂由胡天柱在清乾隆年间成立，传承早期曹素功等徽墨技术，新中国成立后由国家调集徽墨技术工人，成立三家国营墨厂，即屯溪胡开文墨厂（在今屯溪）、歙县老胡开文墨厂（在今歙县）、上海墨厂（在上海）。见《徽墨志》，1984年版。

图1-2-42　**胡开文制墨**
（图片来源：自摄）

图1-2-43　**1963年联合成立国营墨厂技术骨干**
（图片来源：屯溪胡开文墨厂提供）

落的保护与发展，众多的技术珍存在民间，原料的生产也都在民间。

由于徽商的商业活动活跃，且以重视文化为特征，大力推动了这些文化用品行业的发展，传统技艺也得到了长足的发展。红顶商人胡雪岩成为清朝时期名噪一时的著名徽州商人。明清时期以歙县为代表的徽州地区版画的制作技艺获得高度发展，涌现了一大批技艺精湛的优秀刻工和著名画家，他们将徽州本土的雕刻绘画技艺带到了南京、杭州等地，促进了长三角地区雕刻绘画技术的提升。明清时期的绘画大师石涛、弘仁等，延续古人技艺，创建了新安画派，将徽州风景传播至世界各地。近代绘画大师黄宾虹大胆革新，黄派绘画影响了一代艺术家。2017年拍卖会拍卖黄宾虹画作黄山汤口，成交价3.45亿元人民币，创造了拍卖会天价。

在民俗活动和饮食习惯方面，在其流播过程中，对境外产生了较大影响。发端于唐宋时期的徽菜，其形成与当地独特的地理环境、风俗礼仪、时节活动、饮食习俗密切相关。明清时期，徽商足迹遍天下，徽菜也因徽商而声名远扬。而绩溪县伏岭镇成为徽厨乡，随着徽菜的声名鹊起，对外输出的徽厨行遍天下。

1.3 皖南徽州地区传统村落分析

1.3.1 皖南徽州传统村落现状

皖南徽州地区传统村落分布集中，村落规模较大，传统建筑集中，村落形态丰富，结合周边良好的自然生态山水环境，已经形成了徽派村落旅游名片。通过大量的现场勘测和分析，皖南地区传统村落呈以下几种情况。

建筑遗存较多，环境格局保存较好的这类村镇集中在黟县、歙县、绩溪、泾县等县。历史基础和建筑自身的物质条件比较好，在历史发展进程中也没有遭受重大的破坏，所以现状的物质空间保存较好。村落周边的山水田的环境与村落关系紧密，基本体现村落形成时期所构建的堪舆格局。村落本身的建筑遗存较多，建筑保存状况较好。村落的街巷、开放空间和组织结构保存完整。该类村落是反映皖南地区村落历史和人文内涵的典型物质载体。

建筑遗存保存较少，建筑原址更新，格局保存较好。由于历史事件破坏、自然灾害破坏或者是改造更新等原因，该类历史村镇的历史环境风貌变化较大，在历史遗存的原物保存情况上并不是很理想，但村镇居民在翻建院落时，因为仅仅是由于建筑质量差，不利于使用，所以基本上均是在原来的院落范围内，依托历史格局加以重建，对整个历史环境、空间和街巷格局影响较小，对于历史村镇的保护还是具有积极意义。

部分村落村民要求搬迁，物质空间衰败，或拆旧建新，破坏传统建筑。该类情况的出现基本有两种原因，一种是村落整体承包进行旅游开发，如章渡老街，另一种地质灾害点迁移。旅游开发的这种情况对于历史村镇的保护有利有弊：一方面，村镇价值被认可，保留物质空间现状、搬迁人口可以减少人为因素对传统建筑的影响，对其加以修缮，可以注入新的功能、产业、人群而带动其发展。另一方面，原住民整体搬迁以后该村落社会断裂，人文精神没有办法继续传承，游客的原真性体验就会降低。目前皖南地区还普遍存在一种"圈地"型的开发模式，以先占有资源为目的的承包现象开始增加（包括对村落、对单体），这种方式会造成村落的空置和快速衰败，对保护和未来发展均不利。作为地质灾害点迁移方面，由于皖南地区地处丘陵，很多村落依山就势而建，从村落与环境的关系和整体环境风貌上来讲具有很高的历史和景观价值，但是由于地处山林，有山体滑坡的危害，目前在皖南地区正对如金竹村等有地址危害的村落进行迁移。从现场调查情况来看，部分安置房建设已经基本完成，个别村庄也已经搬迁，但是由于生产资料还是在原来的村庄，村民仍需每天往返上山劳作。同时原村庄没有人居住，传统建筑迅速衰败，对于这种典型村落的保护相当不利。

近些年乡村旅游发展迅速，徽州地区传统村落借助宏村、西递世界文化遗产的影响，也已经在全国树立了品牌形象。在研究的黄山四县一区和绩溪县中，黟县地区由于有宏村、西递的带动，村落保护发展情况相比其他区县更好一些。在徽州区、歙县等区县中，均有一两个特色突出的传统村落，如徽州区的呈坎村、唐模村、歙县的棠樾村，开展保护发展工作已经取得了一定成效。村内利用传统建筑在保护修缮后进行改造，开设民宿、茶馆、书吧等文化经营空间（图1-3-1～图1-3-5）。

1.3.2 皖南徽州传统村落主要面临的问题

总体情况看，徽州传统村落存在历史建筑保护修缮不及时、保护管理技术人员缺乏、保护发展不均衡导致游客集中等问题。

长期以来，对传统村落的稀缺性认识不足、保护乏力，造成乡土建筑"自然性毁坏"。传统村落大多年代久远，散落在相对偏僻、贫困落后的地区，破败严重。除了极少数传统村落被列为历史文化名村后得到较好的保护外，大多数传统村落仍"散落乡间无人识、无钱修"，处于自生自灭的状态，得不到有效保护。不管是美好乡村建设，还是城乡发展一体化建设都免不了进行镇村布局规划、村镇间的撤并，而目前关于保留村庄尚无明确的政策标准，具体规划建设实践中的主观随意性较大，常常出现不尊重历史文化、不考

1	2
3	
5	4

图1-3-1　唐模村水街店铺改造
（图片来源：自摄）

图1-3-2　宏村民居改造
（图片来源：自摄）

图1-3-3　碧山村祠堂改造后作为
　　　　　一处文化建筑
（图片来源：自摄）

图1-3-4　西递村建筑室内改造
（图片来源：自摄）

图1-3-5　唐模村传统民居异地迁
　　　　　建改造民宿
（图片来源：自摄）

虑村民利益的举村拆建活动，一大批具有传统风貌和价值的村落在城镇化进程中迅速地消失了。农业吸引就业的竞争力弱，近年来大量农村人口进城务工，不少传统村落逐渐变得"老龄化"、"空巢化"，还有可能出现"无人村"。传统村落的"老龄化"、"空废化"，使得传统村落缺乏维持自身发展的动力，传统村落发展难以为继。由于传统村落长期疏于管理，房屋破旧、基础设施落后、卫生状况差，导致居住环境恶劣。违章搭建多，景观风貌凌乱，街巷路面坑洼不平，不便铺设市政管网，生活垃圾随处乱倒，污水直接排入河道，对生态环境造成很大影响。这种脏乱差的人居环境不免让原著居民离巢而去，让探寻古迹的旅游者望而生畏（图1-3-6）。

保护资金少是传统村落破坏的主要因素。目前用于传统村镇保护的资金投入比较少，国家级、省级等级别的历史文化名村名镇均没有专项的保护资金，对于这类村镇中传统建筑的维护和修缮基本以争取危房改造资金来解决，但是资金来源不足，对于保护工作来讲杯水车薪。目前村镇的各项保护与建设经费都是通过建立项目库、往上申请资金的方式操作，申请下来的专项资金要专款专用，基本不能进行资金整合，这种使用方式就造成该修缮的传统建筑没有足够的经费，而其他环境、景观、市政等一些项目其中有部分工作画蛇添足，反而成为影响村镇历史风貌的因素。中国传统村落的保护专项经费较为宽裕，专项拨款为300万，但是这部分的经费也是由多个部门整合发放的，资金中能真正用到传统建筑修缮、历史要素保护的部分有限，也存在上述资金使用不当的情况。资金使用不当的情况也体现了目前基层管理人员保护认识和专业知识不足，对于项目资金申报较为盲目的现实问题（图1-3-7）。

图1-3-6　**村落新建建筑混乱**
（图片来源：自摄）

图1-3-7　**传统建筑修缮不及时而破坏**
（图片来源：自摄）

皖南徽州地区尽管旅游发展较早，但村落旅游发展长期不成系统，自生自灭，暴露出皖南地区旅游发展问题。

（1）旅游利用方式从单一团队游向自助游的转变正在发生，但目前旅游方式还是观光游为主，对基层社会的拉动作用有限。

（2）景点雷同，特色不足，古村落因为相似的文化背景而表现出一定的同构性，所以村落旅游产品的展示要素基本均为古民居、牌坊、祠堂、水系等内容，造成产品的单一性和雷同，对游客的吸引力降低。而目前的村落旅游形式主要为观光游，游客在导游的带领下走马观花，无法深入体会村落的文化内涵和资源特色，使得旅游产品单一和雷同的问题尤为突出。

（3）各景区特色不够突出，单一产品发展缺乏联系人文景源较自然景源价值更高，但是对于人文景源的内涵挖掘不够深入，没有展现出应有的价值。部分自然风光为主的资源其背后的人文资源未能深入挖掘，使旅游开发和游览仅停留在表面。

（4）资源利用不当，与资源保护矛盾日益突出资源过度开发造成自然生态、文化氛围、历史风貌遭到破坏。大型的旅游配套项目建设和基础设施建设实质上是以牺牲与资源景观的和谐为代价来实现，对于历史文化资源的保护造成重大影响。

（5）利益分配不均，经济与社会矛盾日益显著在古村落旅游开发过程中，涉及三种主要的经营模式，分别是政府经营型、企业经营型和村集体经营型。无论是哪种模式，都不同程度地存在着经营者与居民之间的利益之争，尤其是外来企业经营的模式，在这方面矛盾尤为突出。同时旅游业本身涉及经济利益，在缺乏监管和引导的背景下，会拉大居民之间的贫富差距，加上某些不公平因素的存在，更加剧了居民利益的纠纷，使得原本淳朴的邻里关系变得紧张（图1-3-8、图1-3-9）。

传统村落保护规划编制情况。大部分传统村落保护规划已基本编制完成，但是存在诸多问题，如村内多项规划美丽乡村编制、村庄整治等多项内容之间需要衔接；规划编制资金不足；规划编制目的不正确，多为申报称号和补助资金；规划编制的质量不高、指导性不强，照搬照抄的情况存在。

传统建筑损坏有偷盗消失、构件售卖、空置损毁、日常维护不足、修缮不当等情况（图1-3-10、图1-3-11）。

修缮主体存在三种方式：政府筹资修缮，以保护为目的，缺乏利用的统筹考虑；公司修缮，有选择性，以赢利为目的，需要村民付出一定代价；村民自己修缮，以改善居住条件为目的，有可能破坏原有风貌（图1-3-12～图1-3-14）。

修缮情况对比：政府企业修缮公建、历史建筑，有施工图且需招投标，主要问题是成本高，图纸图样单一，缺乏变化；居民自己对民居进行修缮：成本低，需自己出资，但是建造技术和材料不足，年轻人外出打工，本地工匠缺乏，修缮技法难以传承；同时修缮中

8	9
10	11
	12	14
	13	

还存在砖瓦等材料禁止烧制，材料需要从外地购买，增加成本（图1-3-15）。

基础设施建设情况。每个村落的电力、给水设施基本全覆盖；排污管网落实情况较差，山地管网入地困难，污水处理设施维护费用缺乏；现代设施普及造成古井废弃；卫星接收器、太阳能、高位水池等现代设施影响建筑风貌（图1-3-16）。

房屋使用情况。民宅出售类：村民私下出售或流转土地出售。售后民宅使用有整体异地搬迁或本地改造民宿、私宅。民宅出租有公司统一租赁开发、自愿出租入股、外来个人租赁经营或居住三种情况。

保护管理组织情况。招投标制度：招投标，造成一定压价和恶性竞争，限制本地工匠，阻碍本地做法的延续和发展。目前大部分是以县级政府作为传统村落保护工作的责任主体，乡镇、村责任缺失。管理技术岗位人员缺乏，乡镇未设保护管理专岗，县里保护政策和技术要求难以贯彻。多部门衔接存在困难，地方政府重批轻管，文物局、旅游局、住建局等都在管理，但机制上尚缺乏整合力量，执法难，有些违法行为得不到及时处理。

保护资金管理制度。资金管理制度基本完善，县财政设专门账目，村庄修缮采用报销制；传统村落中央财政资助资金被整合，300万的资金可能被其他项目整合；多方协调存在困难，传统村落资金从各渠道下来，都有资金使用的要求，缺乏有效的统一管理机构。

村民意识。村民等靠要的心理普遍存在。祠堂、家庙等建筑以前是宗族内的人员自愿捐资修建，现主要依靠补助资金。村民改善的需求和保护的要求及

15 | 16

图1-3-15　**混搭的建筑室内风格**
（图片来源：自摄）

图1-3-16　**私搭乱建的管线**
（图片来源：自摄）

一户一宅的政策有矛盾，村民看中老宅，不愿腾退。村民普遍追求现代欧式建筑，审美意识有待提高。

社会资本。社会资本投资喜欢交通区位好、整体保存情况好、基础条件好的村庄，但外来资本的进入，可能会干扰村民日常生活，引发社会矛盾。

1.3.3　典型村落调研

已经开展传统村落开发建设的村落分析案例——棠樾村。棠樾村为第一批中国传统村落，位于安徽省歙县，国家历史文化名城——歙县县城西南六公里处。村落北依灵山之脉——龙山，南临岩寺盆地，为平原型村落。村庄建设用地规模约为10.37公顷。保护规划确定的核心保护区面积约10.37公顷。村落户籍人口766人，常住人口700人。主导产业为旅游业、农副产品业，人均年收入约14000元。棠樾村始建于南宋建炎年间（约1130年），历史上是以鲍氏宗族关系为纽带，经过三十余代繁衍而成的同族聚居村落，文化底蕴深厚。

村落特色资源。棠樾村格局以前街、后街为轴线，向两侧鱼骨状发展。玉正年间，曾引水入村，沿村南环绕，又引模路塘水绕村东两股水至聪步亭汇合，流至七星墩义善亭（现已毁）水口。村东入口处和祠堂前有七座牌坊，引导进村的路线。村内街巷狭长幽静，水口景色优美，建筑色彩朴素淡雅，砖木石三雕装饰精致，室内陈设古朴雅致。村落历史文化资源主要包括牌坊群、祠堂建筑、传统民居、环境设施等。棠樾牌坊群现为全国重点文物保护单位，牌坊始建于明弘治（1488年）之前。明清时期，鲍氏家族在村东入口处和祠堂前陆续建起了七座牌坊，构成一组群体，自东向西矗立在村口弯曲宽阔的青石板甬道上。此外，村内祠堂建筑古时众多，保留和修复完好的是建于明嘉靖四十年（1561年）的"男祠"和清嘉庆年间建设的"女祠"，以及建于清乾隆年间的"世孝祠"部分遗构。三座祠堂均为三进五开间，砖木石结构，规模宏大，布局简洁，天井庭院宽阔，廊东西合抱。棠樾古民居型制多属"大厅式"，强烈地体现了"前公后私"的空间秩序。首进均为厅堂，后进是为家庭内部居住之所。棠樾民居多数为大宅，规模宏大（图1-3-17～图1-3-23）。

棠樾村现有编制《黄山市歙县棠樾村历史文化名村保护规划》。规划坚持"保护第一"，未来逐步疏解与保护相冲突的相关职能，适度疏解人口，将发展建设用地布局在村西侧，使新老区相互融合，和谐发展。解决棠樾村现实中亟需解决的问题，如濒危遗产抢救、环境整治、村民建房引导、基础设施改善等问题。突出实施管理，将规划引导贯穿规划全过程，强化反馈与互动机制。在此指导下，棠樾村已开展古民居保护的村民自治等工作，但尚缺少发展规划的指导。

图1-3-17　牌坊群与骢步亭
（图片来源：自摄）

图1-3-18　祠堂
（图片来源：自摄）

图1-3-19　祠堂建筑
（图片来源：自摄）

图1-3-20　村建陈列馆
（图片来源：自摄）

图1-3-21　陈列馆
（图片来源：自摄）

图1-3-22　民居自建家庭旅馆内部棠樾
（图片来源：自摄）

图1-3-23　徽派新民居棠樾
（图片来源：自摄）

棠樾村主要问题是旅游开发管理对村落发展有限制，款项建设规定刻板，规划类型多缺乏统一，管理技术人才缺乏等。一家私家旅游公司承包了棠樾村牌坊和村口祠堂，并在村外打造了一处盆景文化园，租期为70年。村口的祠堂以及七座牌坊本是村的水口，与村落紧密结合，现单独分裂开来作为旅游景区开发。并且景区单独设置出入口，游线与村建设相冲突，村自建的商业区被隔离开，难以发挥作用（图1-3-24~图1-3-26）。

近些年国家每年拨专项款项用于棠樾村风貌整治和基础设施建设，资金花费约一亿元，已经完成了相关内容建设，目前村内需要进行其他技术专业建设以及管理建设，发展其他农副产品加工等产业，但是国拨资金只能专款专用，还限定在基础设施类，资金使用内容限制刻板，不适合村子具体现实需求。

村内自发产业局限在甘蔗、莲藕、蓝莓等水果销售，以及餐饮和家庭旅馆，整体村落产业需结合特色发展进行提升管理，关于村落发展管理人才十分缺乏。

图1-3-24　太阳能污水处理站
（图片来源：自摄）

图1-3-25　停车场
（图片来源：自摄）

图1-3-26　景区入口商业街
（图片来源：自摄）

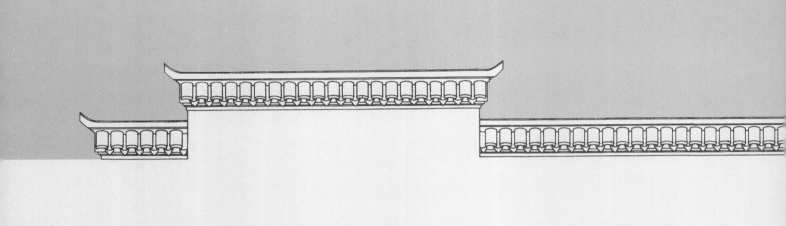

第 2 章

皖南徽州地区徽派建筑与民居建造工艺

02

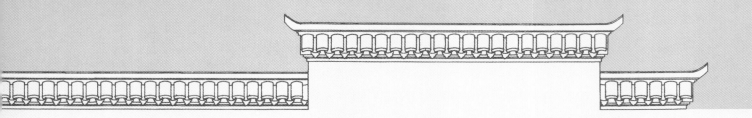

2.1 皖南徽州地区传统建筑特色

皖南古村落不仅与地形、地貌、山水巧妙结合，而且加上明清时期徽商的雄厚经济实力对家乡的支持，文化教育日益兴旺发达，还乡后以雅、文、清高、超脱的心态构思和营建住宅，使得古村落的文化环境更为丰富，村落景观更为突出。皖南古村落与其他村落形态最大的不同之处是皖南古村落建设和发展在相当程度脱离了对农业的依赖。古村落居民的意识、生活方式及情趣方面，大大超越了农民思想意识和一般市民阶层，而是保留和追求与文人、官宦阶层相一致，因此具有浓郁的文化气息。皖南古村落民居在基本定式的基础上，采用不同的装饰手法，建小庭院，开凿水池，安置漏窗，巧设盆景、雕梁画栋、题兰名匾额、创造优雅的生活环境，均体现了当地居民极高的文化素质和艺术修养。皖南古村落选址、建设遵循的是有着两千多年历史的周易堪舆理论，强调天人合一的理想境界和对自然环境的充分尊重，注重物质和精神的双重需求，有科学的基础和很高的审美观念。徽派民居的建筑特色是随着明清时期徽商的兴盛而发展起来的，能够在有限的建筑空间内最大限度地体现其构思的精巧以及工艺的高超，实为别具匠心的建筑形式。后来徽商逐渐衰败没落，而这种徽派民居的建筑特色却依附在古民居村落里保留下来，因此具有重要的历史价值和建筑价值。

徽州传统建筑特色可以概括为移民与土著文化交融，巧合天成徽派传统建筑。

徽州，宋代以前又称新安、歙州，始置于秦，素有"东南邹鲁、文化之邦"的美誉。说文解字里称："徽，三纠绳也"（古代一纠为三股）。一语道破徽文化的天机，徽州文化是历史上伴随中原移民与土著文化、人文与地域自然等多重文化要素融合形成的。

早在汉末两晋、唐晚期、南宋时期，先后有大批中原士族为了躲避战乱进入皖南地区，并在此扎根繁衍，形成了程、方、汪、胡、江等几个主要姓氏家族。中原文化与当地土著山越文化相融合，催生出特色徽州文化。徽州村落中尊儒术、重教化，文风昌盛，集中体现了明清时期达到鼎盛的徽州文化现象，集程朱理学的封建伦理文化、聚族而居的宗法文化、村落建设中的堪舆文化、贾而好儒的徽商文化等文化为一体，内涵深厚。徽派建筑是这种文化交融的综合体现。

徽州传统建筑具有以下特征：

高度聚集，空间层次丰富。徽州村落均为大家族聚居，规模宏大，建筑的聚集度高，狭窄的小巷穿插在各宅院之间，让村落成为一个多层空间的整体。一方面基于节地原则，另一方面也是传统的防御特色体现，整个村落犹如一座防御村寨。传统民居尺度宜人，白墙灰瓦，给人以清新隽逸、淡雅明快之感，马头墙跌落起伏，结合村外的山水湖泊，展示出丰富变换的层次效果。马头墙高低起伏、层层叠叠而极富韵律感，成为徽州民居最具可识别性的景观要素之一。

楼居方式，山越文化传承。徽州地区气候湿润多雨，又多山地丘陵，传统建筑普遍为二层，一层主要为厅堂，面向院落开敞，是主要的待客和公共活动空间，两次间及二层为居住，居住空间相对狭小。以木柱结构支撑起一层的开敞空间，这种类似于干阑式的居住生活空间结构正是本地原始土著山越文化的传承。楼居生活同时应对了本地潮湿的气候特征，与底层潮气相隔离，利于身体健康。

合院天井，中庸理法哲学。南迁徽州的中原士族依然保留了原有的合院生活方式，结合本地楼居方式和山地特色，发展成为合院小天井。徽州民居外墙高大，形成封闭性很强的宅院空间，天井是徽州民居的生长点，具有承接和排出院内流水、采光、通风之实用。天井与开敞厅堂正对，相互呼应，具有高度的向心性，烘托出"堂"的核心地位，是传统中庸思想和社会家庭伦理思想的反映。高大封闭的外墙隔离了自然，天井又将自然引入，外闭内敞，形成独特的民居建筑风格，体现天人合一的哲理。

重文兴教，文人气息浓厚。皖南地区山多地少，中原士族迁入后普遍重文风教化，多官商。村落在相当程度脱离了对农业的依赖，村民的生活情趣、精神追求与文人、官宦阶层相一致，具有浓郁的文化气息。传统建筑中采用不同的装饰手法，建花园池沼、安置漏窗、巧设盆景、题名匾额，创造优雅的生活环境，均体现了当地居民极高的文化素质和艺术修养。厅堂两侧柱面多刻制楹联，文字思想深邃，手法生动，宣扬儒家伦理道德、劝人向善，反映主人处世哲理和闲情逸致，增添了徽州传统村落的文化气息。

宗法严密，祠堂高大华美。南迁的中原人不乏衣冠巨族，他们本来就有着强烈的宗法观念、严密的宗族组织，入徽后生存的需要、文化的传承，促使中原世族极力维护、强固原有的宗法制度，聚族而居、尊祖敬宗、崇尚孝道、讲究门第成为徽州社会风尚。村落中非常重视宗祠建设，宗祠建筑居于核心或水口重要位置，高大华美，装饰繁琐，成为村子的典型象征。

结合自然，营造水口水系。徽州村落营建中察山观水，选址讲究"背山、环水、面屏"，引入水系，充分结合自然，尤其重视水口文化空间营造，通过利用山水把门，种植风水林，再加以建造亭桥庙阁、牌坊古塔，形成了独特的水口文化，成为村落外部空间的重要标志，也是村落内涵的灵魂。

精雕细琢，装饰艺术精美。徽州三雕艺术冠绝一方，闻名海内外。门楼作为传统门阙的缩影，装饰以砖雕、石雕，院内的梁枋、门窗则装饰以木雕。这些雕刻图案注重喻义和谐音表达，取材山水人物、花草鸟兽、纹饰图案及戏文故事等，表现出卓绝的建筑装饰水平与高雅的实用艺术品位。

徽州的民居与祠堂、牌坊一起被并称为徽州人文景观中的"三绝"，多为中轴线两边

对称式，两层多进，面阔三间，中间一间是厅堂，两边的两间是卧室，厅堂前方是天井。天井是徽州民居极富特色的设计，天井可以用以通风、采光以及排泄雨水，屋顶的雨水可以通过天井四周的水枧流入厅堂，因此又称"四水归堂"。民居的二层彼此串联在一起，又称"跑马楼"。一些大的家族，随着子孙繁衍，房子就一进一进地套建，一进一进地向纵深方向发展，形成二进堂、三进堂、四进堂甚至五进堂，后进高于前进，一堂高于一堂，有利于形成穿堂风，有利于室内空气流通。建筑立面中突出的元素是马头墙，"粉墙黛瓦马头墙"已经成了徽派建筑的代表性特征。民居合院对外相对封闭，高墙大院，门楼高挑，对内则比较开放，中间厅堂朝向天井开放，木雕花隔扇窗技艺精湛，梁枋下牛腿雀替装饰精美。

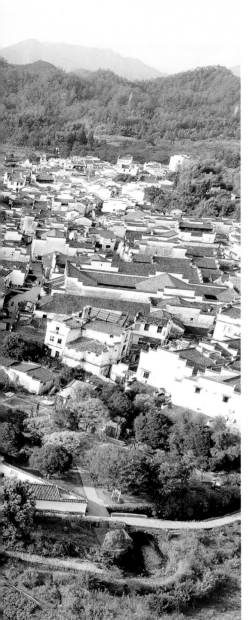

图2-1-1　**传统建筑**
（图片来源：自摄）

图2-1-2　**西递村鸟瞰**
（图片来源：自摄）

图2-1-3　**西递村**
（图片来源：自摄）

　　素雅淡秀的色调，别具一格的马头墙，布局紧凑通融的天井厅堂，奇巧多变的结构，精致优美的装饰，精巧细致的陈设，完整地概括了徽州民居这一主体景观的基本外在特征。民居是徽州人的主要生活居住场所，承载着丰富的徽州文化内涵，许多细部空间成为徽人价值观在徽商经济支撑下的具体表达（图2-1-1~图2-1-3）。

　　徽州民居体型轮廓比例和谐、尺度宜人，给人以清新隽逸、淡雅明快之感。徽州民居外墙高大，形成封闭性很强的宅院空间，天井是徽州民居的生长点，具有承接和排除屋间流水、采光、通风之实用。高大封闭的外墙隔离了自然，天井又将自然引入，外闭内敞，即体现了民居的建筑风格，又折射出商贾、仕人的人生哲理。徽州民居朴素简洁，同时又注重装饰，厅堂是注重文采

之所，厅堂两侧柱面多刻制楹联，楹联文字简洁、思想深邃、手法生动，既有宣扬儒家伦理道德、读书入仕的，又有反映主人处世哲理、闲情逸致和村居环境的。寥寥数字、寓意深刻，经书法家题写，成为精美难得的艺术佳品，与民居相映生辉、相映成趣，增添了徽州传统村落的文化气息（图2-1-4、图2-1-5）。

2.2 皖南徽州地区徽派民居建造工艺

　　徽州民居内部结构基本上是以天井为中心建构和布局，比较常见的结构有凹形、口形、H形和日形等。天井不仅成为具有导向作用的枢纽空间，而且可用来设置盆景、鱼池等，起装饰美化作用。倘若依据天井位置和布局形制，徽州民居宅屋大致可分四类：其一为"凹"字形住宅，一般为三开间、内天井，俗称"一颗印"；其二为"回"字形住宅，多为两进各三间楼房，实为两座"凹"字型住宅相向组合而成；其三为"H"字形住宅，实为两座"凹"字形住宅背向组合而成的双天井宅楼；其四为"日"或"目"字形住宅，也就是三间两进或三间三进宅楼，各进之间均辟有天井且两边俱以廊房相连。尽管基本类型只有这几种，但是经过结合地形格局条件进行各种组合，并附之以前庭、侧院等，形成了千变万化的院落。黟县西递村建村已经有近千年历史，村规模大，保存建筑院落类型多，建造水平也是徽州地区屈指可数的，皖南所有建筑类型几乎都可以在西递村找到。结合了环境设置的西递院落也更有生活魅力（图2-2-1～图2-2-5）。

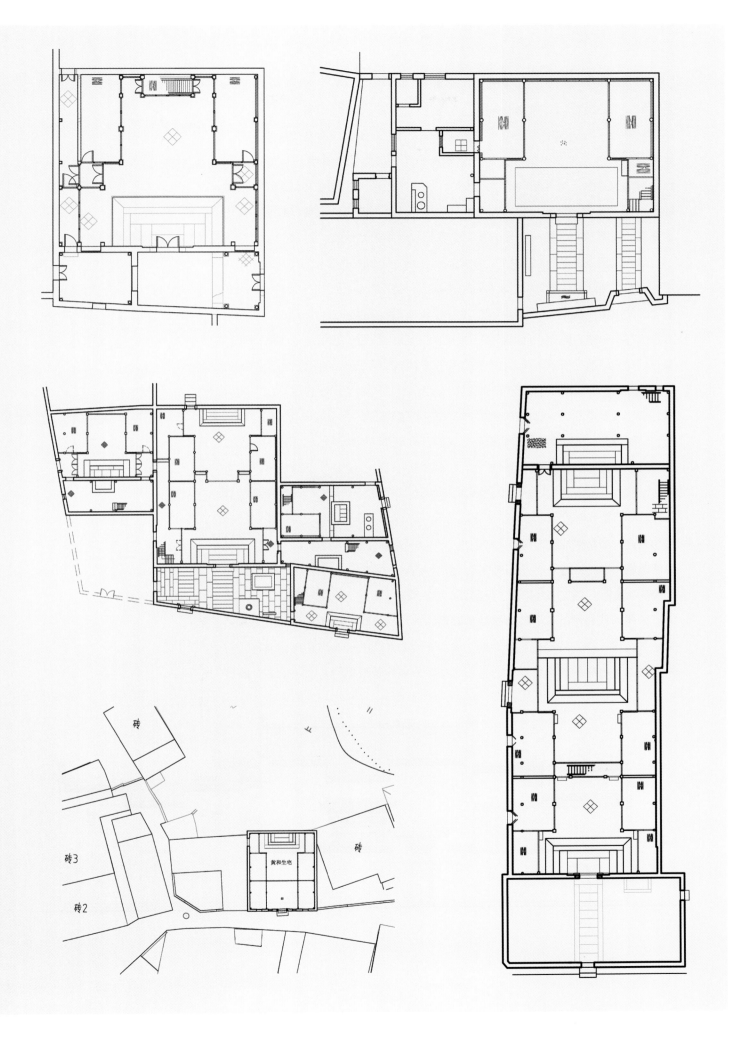

天井是徽州民居的一大特色，由高墙和正屋围合而成的小面积露天空间，是浓缩了的自然空间，体现了我国"天人合一"的哲学理念。除了通风采光之用，在徽州人的观念中天井还与"财禄"有关，天井露天，能直接接收雨水，象征着徽州人"肥水不流外人田"、"四水归堂"的商业文化意识。屋内天井则具有通风排水、采光纳气的功能作用。居家之人端坐厅堂之上，就能够晨沐朝霞、夜观星斗，深切契合着古人追求"天人合一"的哲学意蕴。有些家庭还在天井中设置假山，摆放盆景，并砌池养鱼，可谓怡然惬意。

徽州民居屋顶多为硬山顶，马头墙高出屋顶，屋顶双面青瓦。再从其屋顶外观造型看，徽州民居不仅有低层及坡顶形式，而且还升高房屋顶两端或印斗式或鹊尾式的山墙使其超过屋面及屋脊，建造成呈水平线条状和对称跌落的三叠式或五叠式马头山墙（俗称"封火墙"），既可防火焚屋也可御风掀瓦，不但实用而且美观。马头墙造型为跌落式，以三阶为主，多则五阶，吸收了中国"五行"中的"土"字形，异于南方其他民居马头墙生动活泼的造型特点，受儒家思想影响，其外形比较规矩。马头墙有"坐吻"、"印斗"、"鹊尾"三种形式。马头墙高低起伏、层层叠叠而极富韵律感，是徽州民居最具可识别性的景观要素之一（图2-2-6）。

马头墙是一种实用性很强的设计，又称防火墙，在院落外围建造高出屋面墙垣，有很好的隔火作用，能有效防止火焰蔓延。马头墙广泛应用是在明代弘治年间。明代徽州知府何歆发现，火灾向外蔓延时候，火苗最容易从墙头扩张，于是想到通过加高建筑外墙阻止火势蔓延，并且下达了政令推行此方法。现在从空中俯瞰徽州地区的村子，一组组的院落密密麻麻，建筑的密集程度非常高，而马头墙层次跌落，也正因此保证了院落彼此独立安全（图2-2-7~图2-2-10）。

徽州古代民居的主要装饰手法是雕刻，无论从建筑外墙还是内部构架，无论是梁、枋、柱，还是门、窗、檐，都留下精雕细刻的痕迹，其精美细致的雕刻技法加上材料的天然色泽，产生了古朴中蕴藏典雅精致的艺术效果，与徽州

图2-2-6　院落立面
（图片来源：西递村提供）

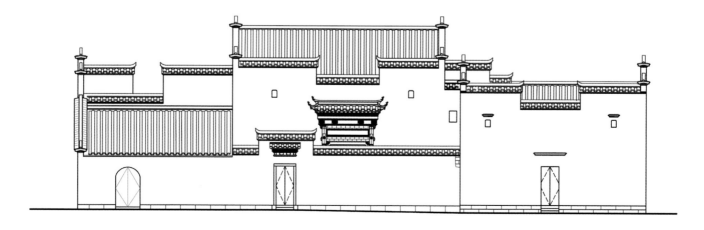

7	
8	9
	10

图2-2-7　宏村鸟瞰

（图片来源：自摄）

图2-2-8　宏村月沼航拍

（图片来源：自摄）

图2-2-9　西递村鸟瞰

（图片来源：自摄）

图2-2-10　西递村建筑群屋顶

（图片来源：自摄）

的自然山水一脉相承。民居的马头高墙、幽深的窄巷及"四水归堂"的院落实现完美的联姻，创造了典型的徽州民居艺术风貌，使徽州明清建筑达到了质、形、色的审美统一。

徽州雕刻艺术有别于绘画艺术，立足于雕刻，以"刀"代笔，在雕刻之初，就要求工匠艺人对建筑构件的构图、造型方法与表现技巧，以及视觉效果等要做到胸有成竹。在构图立意时先从整体入手，审材度势，以"大处着墨"的手法，确定好雕刻对象的位置、比例、虚实等形式美法则。选择浅浮雕、深浮雕、透雕、圆雕、线刻等技法的各自施展或是联合运用。

11	12	14
	13	15

图2-2-11　**木雕门窗**
（图片来源：自摄）

图2-2-12　**大门**
（图片来源：自摄）

图2-2-13　**大门雕刻装饰**
（图片来源：自摄）

图2-2-14　**门楼**
（图片来源：自摄）

图2-2-15　**木雕牛腿装饰**
（图片来源：自摄）

屋宇装饰以徽派木雕、砖雕、石雕为主，图案取材多样，注重喻义和谐音表达，且无不将镂刻着山水人物、花草鸟兽、纹饰图案及戏文故事等富丽内容的砖雕木雕石雕构件，镶嵌应用在宅屋的门罩、门窗、门额、栏杆、梁柱、雀替、承托、柱础、裙板、庭院、花台等单元处，表现出卓绝的建筑装饰水平与高雅的实用艺术品位，使宅屋精美，如诗似画，此乃古徽州民居宅第的另一大特色。墙壁装饰以门楼，有辟邪镇宅之说，分门罩式、牌楼式、八字门楼式三类。大厅内匾额、楹联、中堂、屏条高挂，桌椅、案几、古瓶、方镜各置其所，典雅工丽、富含寓意，儒家书香气息很浓，渲染了"东南邹鲁"之儒商文化氛围。门罩、窗楣、隔扇是徽州三雕的重要承载体（图2-2-11～图2-2-21）。

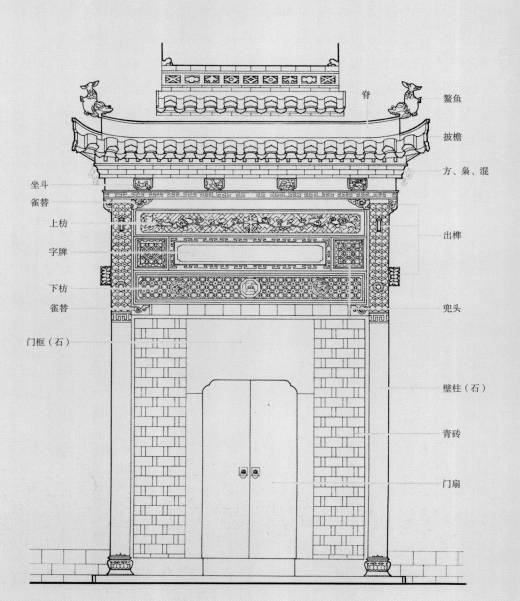

脊

鳌鱼

披檐

方、枭、混

坐斗

雀替

上枋

字牌

下枋

雀替

门框（石）

出榫

兜头

壁柱（石）

青砖

门扇

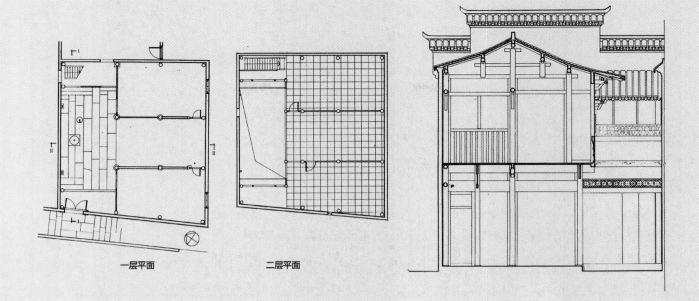

一层平面　　　　　　二层平面

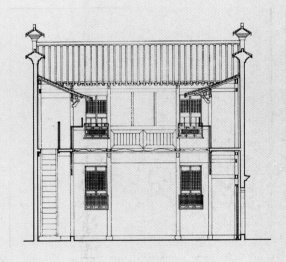

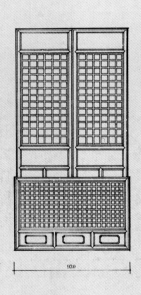

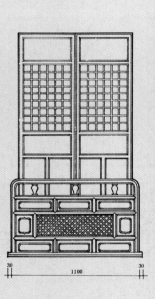

930　　　　　　30　　1100　　30

❶ 本图来自于徽州古建筑丛书《棠樾》，来顺生宅，图2-2-18～图2-2-21同此。

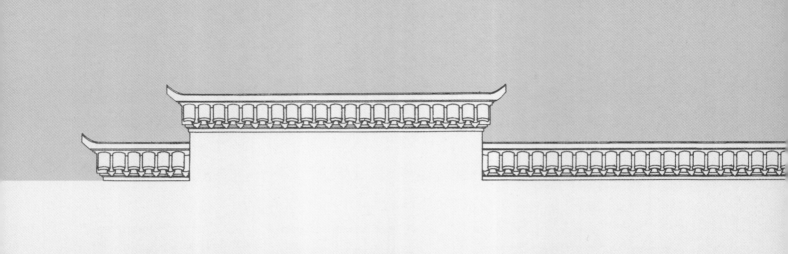

第 3 章

黄村传统村落发展与演化历程

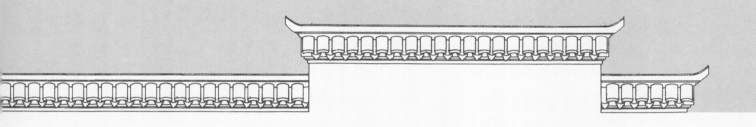

3.1　黄村传统村落演化历程

　　休宁县位于安徽最南端，与浙、赣两省交界，新安江从这里发源（休宁与婺源交界处的六股尖），她被称为大源河、率水，然后它陆续接纳了横江、练江、丰乐河、富资水、扬之水，与浙江交汇后，被称为新安江。"在歙县的深渡，新安江注入千岛湖，然后，跌出大坝到达浙江境内，先是叫作桐江、富春江，到了杭州闻家堰，这条河流又改叫钱塘江。在激起一片钱塘潮之后，这条长达千里的河流，最后浩浩荡荡汇入东海。"

　　千年古村——黄村坐落在安徽省黄山市休宁县境内，它位于休宁县城南15公里处，距离黄山市中心城区15公里，至黄山风景区60公里。村庄东为东洲村，南与高堨等村相邻，西靠巴庄、双溪等村，北邻芳干村。通村公路与省道休婺公路相连。全村六个村民小组、212户、828人，辖区面积5.3平方公里，其中茶园1600亩，山林5200亩，是一个以粮、林、茶传统产业为主的皖南山村。村内古民居村落聚居，如著名的远漂美国的"荫馀堂"、进士第、中宪第、百年老校黄村小学、月池塘等古民居、古遗迹使得黄村成为集安徽省历史文化名村、黄山市市级生态村、休宁的乡村旅游福地为一体的千年古村。同时，随着社会主义新农村建设的开展，2006年黄村被列为市级新农村建设示范村，2007年5月又被国务院农村综合改革办公室定为全国农村综合改革四个试点村之一（图3-1-1）。

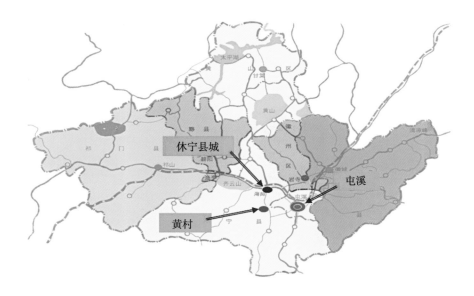

图3-1-1　区位图

3.1.1 历史沿革

❶ 唐史记载，黄巢之乱中，公元880年5月，黄巢因战败退守到信州（今江西上饶地区），同年12月黄巢攻入长安称帝。下文黄村始祖黄恭生于公元821年，黄巢生于公元820年，以此推断说黄村始祖为农民起义军黄巢也不适合，但是乡间习惯尊崇某一同姓名人为祖。程敏政著《篁墩文集》。以此推断，黄村之所以尊黄巢为祖，也是因为黄巢之乱经过此地时，独因为黄姓为同宗不加杀戮，黄村人感其不杀之恩而已。

休宁县位于徽州府西部，屯溪上游，是徽州府前往池州、婺源、景德镇等地的必经之路，又临新安江水，是徽州西部的重要水运商业县，明清时期商业十分发达。休宁境内有齐云山等，生产松萝茶、齐云山云雾茶。古徽州境内有两大水系，一是新安江水系，沿江达钱塘江，终点杭州（南宋都城临安）；另一水系是婺源境内，向西到九江汇入鄱阳湖、长江（图3-1-2）。

黄村在休宁县城南，地处浅山区，再向南与婺源县接壤的白际山，是新安江水分水岭。村南有古道，经商山可达屯溪。清代本地施行都管制，黄村处于十七都与十八都管理交界区。从地理区位环境看，黄村属于临近县城，浅山丘陵为村落提供了良好的生态环境，而村落没有处于偏远的深山区，又有良田密林作为居住基础条件（图3-1-3、图3-1-4）。

据村内调查访谈及休宁县提供的黄村资料，黄村原名黄川，始建于唐末黄巢起义时（约公元880年），至今已有1100多年的历史，传说黄村黄氏的祖先是中国历史上大名鼎鼎的农民起义领袖黄巢❶，然而此说并无依据，仅仅作为传说不可考。公元880年，黄巢起义，黄思诚之子黄恭"避兵，迁黄川大塘源即里村，是为黄村始祖"，因"居斯者皆姓黄，又其地多池沼，故名"。

而另一说法为，黄村是因为与黄巢同姓，在唐末黄巢之乱中因此得以幸免于难。明代成化年间侍郎程敏政为休宁人，于黄墩祭拜始祖程元潭墓，阅其《程氏族谱》程大昌（1123—1195年，字泰之，休宁会里人，今洪里，南宋政治家、学者）

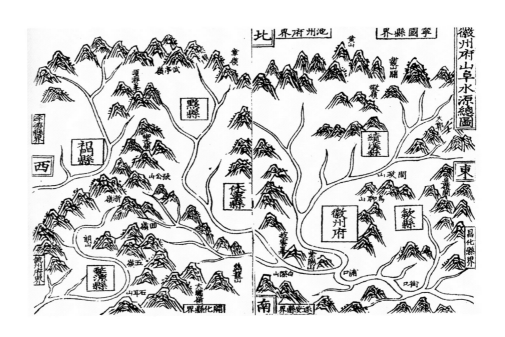

图3-1-2　明弘治年间《徽州府志》山川图

图3-1-3　清康熙年间《休宁县志》
　　　　　隅都图

图3-1-4　黄村山水环境

谱序时获悉一戏谈："有老人言曰，黄巢乱天下，所过杀戮无噍类，宣歙十五州亦残破焉。独以黄者已姓也，故凡姓氏州里山川但凡系黄为名者，辄敛兵不犯。此时衣冠有尝避地于此而得全其族者，乱定，他徙，不敢忘本，则曰吾之系实出黄墩也。"

❶ 见下文黄积注释，篁墩原名黄墩，为新安太守黄积墓。

❷ 黄积，字元集，东晋永昌元年壬午（公元322年）升新安太守。卒于官，葬郡南姚家墩。长子寻，庐父墓，遂家焉。子姓蕃衍，以姓名地为"黄墩"（今篁墩），其湖曰"黄墩湖"。厥后，由歙而分者遍之，尊公为新安黄氏始祖也。

❸ 朱自煊（1926—），清华大学建筑学院教授，安徽省徽州地区休宁县人，1946年成为清华大学建筑系建系后第一班学生，1951年毕业后留校任教至今。长期从事城市规划和城市设计方面的教学、理论研究和实践工作，为我国的城市规划研究特别是城市保护理论的形成与发展做出了杰出的贡献。西递、宏村以及黄村、屯溪老街等就是在朱自煊先生的努力下开始的保护工作。

黄姓源出歙县篁墩❶，始迁祖名黄恭（公元821—公元885年）。村址最先在大塘源，即上门村北侧的山坞里，现在古村遗址仍存，硕大的条石地基隐没在草丛之中。南宋时（约1220年前后），黄姓乏嗣，遂从休宁县泰塘赴继外甥程可愿入宗承继香火。黄可愿（程可愿）即为现在黄村之一世祖。黄村黄氏继承了新安黄氏始祖新安太守黄积❷的遗风，崇文尚武。明代，上门村出了武进士，下门村出了文进士。到了近代，黄村小学闻名徽州。1914年，黄炎培先生视察黄村小学，给予其高度评价，黄村小学亦为国家培育出了不少可以继续深造的人才，至今古学堂里读书声朗朗。在民国近现代，黄村也出了一批文化名人，在调研过程中令人有深切感受，随意进入一户黄永泰老人家，黄先生自称他姐夫就是对皖南传统村落保护做出重要贡献的清华大学教授朱自煊❸。黄永泰先生介绍，他现在八十多岁，是迁入黄村后第38代传人。

黄村早期在宋代建设在来龙山南和白虎山东等相对比较隐蔽狭窄的山坞中，以便留下更多的平坦田地用于耕种。到了明代，村内有人中举考中进士，遂从狭窄的山坞中搬出，选择了更为宽敞的山前平坦之处修建了规模更大的进士第、中宪第等院落，凸显了中举后的身份地位。在此后又逐渐修缮了水塘、水口林、水口祠以及进村牌楼等，村落的建设空间层次更为丰富。民国至今，在上门村东、下门村南出村水口位置又逐步扩建，修建了更多民居建筑。而原有的男祠、女祠等建筑在新中国成立初期，被拆修建水库等公共设施，包括下门村进士第宅院，也在人民公社时期曾做公社，甚至在1978年之后有计划拆除建新公社。在村内一些老人的坚持下，进士第没有被拆，但是荫馀堂在1997年终于被卖到了美国（图3-1-5）。

3.1.2　选址格局与环境

与徽州地区大多数村落一样，黄村是以黄姓家族、血缘关系维系的家族聚居型村落，保留着明显的地域文化背景，完整地保留了乡村原貌及附带的历史信息，延续着传统的生活。

村落分为南北两个居住组团，诚然有功成名就后分居选择的历史因素，但两个组团的选址布局都力求人与自然环境的和谐，注重山与人家、与水的风貌结合。

徽州古村落讲究依山傍水，在选址上更多吸收了传统堪舆理论，这也与它临近堪舆学说的发源地江西有关。但黄村在遵循中植入了自己的特色，整个村子分上门、下门两部分（或分别称上门村、下门村），相距仅仅里许，中间以一山相隔不相见，而两组团以一水

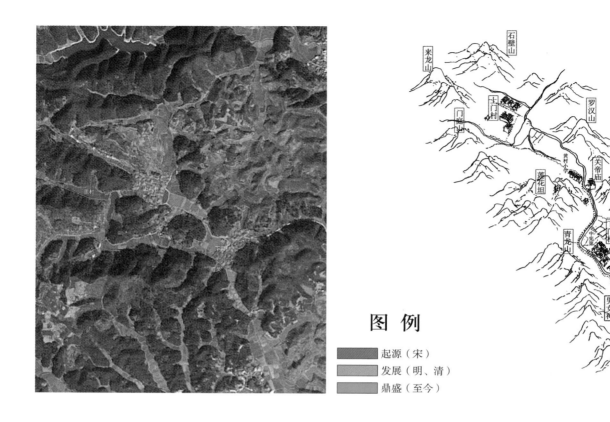

图 例

起源（宋）

发展（明、清）

鼎盛（至今）

之脉紧相连，两个组团所处的空间犹如一个大大的细腰葫芦。葫芦口在南部下门村后。这种一个同宗姓氏的村落分为两个组团的形式是十分罕见的。上门朝东南，下门朝西北，两门相对，又以此作为了八卦之中的阴阳鱼的意象，称其阴阳相对。而两个村落组团都有完整的村落环境体系，即有山水综合环境组成的格局，有村落水口（图3-1-6）。

上门村居北侧山窝中，面朝东南，在背后为三座山峰，左为石壁山，右为门庭山，中间为来龙山，在传统堪舆中称其为"左虎右狮，中来龙"，以三座山比喻猪，戏称"三猪共槽"，寓意兴旺发达。早在明代的宅院修建在来龙山前，背后三山拱卫，宅前一片明堂开阔地，适宜耕种，对面罗汉山为案山。在来龙山两侧又有小溪水流出，在此汇聚一处，非常符合传统的村落选址堪舆思想。修筑了宅院之后，前又筑有一口状如弯月的大水塘。村四周包括来龙山小溪一共四条明沟暗渠，将山中的水汇聚到水塘中，名曰"四水归堂"，传统思想意识以水比

图3-1-5　黄村发展演变图

图3-1-6　黄村山水格局图
（图片来源：李志新 绘）

喻财源，形成四方财源汇聚的形式，寓意聚财发家。月形塘靠村一边一条线，有两处水阜供村妇浣洗，路绕月牙行。塘中荷叶田田，荷花亭亭，鱼虾成群，常年不放水，鱼儿可钓不可捉，鱼戏莲藕间，人映荷花面，村人行人共赏，月池、荷塘、火烛塘"三位一体"。

上门村在门庭山东南，两村之间以一座山峰相隔，四周翠绿青山环抱，山峰酷似盛开的莲花，因此称莲花坦。山下北侧修建的黄村小学，放在两个村之间方便了村里孩子上学。莲花坦对面，即上门村罗汉山东背后是白虎山，两山相对成两扇大门，守住了上门村村口。溪水自经此进入下门村，在原修建了一座关帝庙作为上门村水口庙。将上、下门形象比喻成葫芦形，中间的关帝庙所在为葫芦腰，这里既是上门村的下水口，又是下门村的上水口。

下门村背靠高冲岩，东有白虎山，西有青龙山，两山相对，前为一片开阔的田地明堂，对面即莲花坦。小溪从下门村东北的上水口关帝庙流入，在莲花坦下向西拐弯，又到了青龙山下南拐，形成环绕下门村的腰带水，然后沿着青龙山脚下，从下门村西南流出村，并在出村位置设置水口。下门村整体团聚在一起，以进士第为核心，西为中宪第以及其他民居，东为荫馀堂等普通民居。进士第、荫馀堂等建筑修建较早，前边门楼齐平，成一字排开。

黄村上下门两组团与四周山水完美结合，群山层峦叠翠，小溪水潺潺，早上晨雾迷蒙，在村环境中只见山影重叠，马头墙隐隐约约，上门和下门相对的组合让这里呈现了一种混沌状态，分不清东南西北，村头村尾，恰似八卦中的阴阳鱼所呈现的"首尾呼应"感觉。黄村的文化名士将四周的每一座山头形胜，"取山川形状与物类者得其八号，为黄川八景"，这八景就是"东山吐月"、"南冈揭斗"、"远障蟠龙"、"大塘涵壁"、"层岭覆帽"、"石岭闻钟"、"松林巢鹤"、"临田伏龟"。宋成化年间，斗山（今山斗）俞云对"黄川八景"进行诠释，称"远障蟠龙"为"黄川之镇山也"，"大塘涵壁"为"黄川之大观也"，对黄村是大加赞赏。

3.1.3　风貌及街巷水系

黄村村落规模并不大，又分为上下两个组团，每个组团都背靠山，前有溪水汇聚成塘，上门村修建形成月塘，因山取名是为独具特色的"三猪共槽"景观。两个村以一条"S"形走向的溪水相互串联，石板小路沿着溪水，一直到下门村从村南，经过男女祠、牌楼（遗址），这里也就是黄村的水口。村落内的小巷都源自后靠山，因为大部分院落都是靠山面塘纵向层层递进，小巷沿着院落延伸交汇于每个村组团前的水塘广场处。

黄村建筑风格具有气势宏大、结构精巧的特点，以院落为基本单元组合，小家庭仅仅一个院，门庭兴旺的大家庭则由众多个相互传统的院落单元组成，如此形成了多个大小不一的院群聚集在一起，"分中有合"。而祠、亭以及学校等文化建筑分居不同的位置，宗祠居中，遵循了崇宗敬祖的观念，外围的亭桥以及水口林等组成文化氛围浓郁的景观系统（图3-1-7～图3-1-15）。

图3-1-7　村落环境
（图片来源：自摄）

图3-1-8　上门村月塘
（图片来源：自摄）

图3-1-9　**小巷**
（图片来源：自摄）

图3-1-10　**小巷**
（图片来源：自摄）

图3-1-11　**街巷水渠**
（图片来源：自摄）

图3-1-12　**建筑与街巷水渠的关系**
（图片来源：自摄）

图3-1-13　**公共空间**
（图片来源：自摄）

图3-1-14　**村口牌坊及男女祠遗址**
（图片来源：自摄）

图3-1-15　**下门村水口古树**
（图片来源：自摄）

3.1.4 建筑特色

黄村的建筑特色主要表现在历史悠久、规模宏大、构造精巧、布局奇妙等方面。黄村的文物古迹是以明清以及民国初期为主，是徽州历史文化近代民间聚落的真实遗存。黄村现存进士第、中宪第、黄村小学等历史建筑，进士第是省文物保护单位，中宪第目前是"中美文化合作所"的重要交流平台，月塘、川贤里、古商道等历史环境承载记录着村庄的历史。

1. 荫馀堂

荫馀堂是一座典型的徽州古民居，始建于清朝康熙年间。大约1800年，由黄氏家族第28代和第29代后人在黄村荫馀堂。当时，他们在汉口、上海经商赚了钱，决定回乡修建一座传统宅院，衣锦还乡和回乡建宅这也是典型的中国传统商人习惯。他们希望积累的这份家业能荫及后世子孙，因此取名"荫馀堂"，先后有八代黄家子孙居住于此。荫馀堂是为四合院形式，面阔五间，二层转圈都有挑出的走廊，当地俗称"跑马楼"。院落占地400平方米❶，呈中轴对称形式，中轴由外向内依次为门厅、天井院、堂屋，门厅和堂屋两侧均为卧室，有16间卧室。院落右侧的一座三角形独立院落为厨房。

荫馀堂为一座居住型四合院，"亚"字形平面，坐落在下门村中部偏东位置，坐南朝北，背靠高冲岩，前为小广场，与进士第齐平，为典型的徽派建筑。院内建筑高两层，外围为空斗砖墙围合，粉墙黛瓦，石砌的墙裙，两侧山墙为鹊尾式马头墙，三档迭落。从广场看，院落面阔五间，门楼开在一层中间位置，青石门框，砖雕装饰，贴墙的单坡顶。进门为门厅，两侧各两间耳房卧室，院内是个横宽纵窄的狭长天井院，条石铺砌，两边各自还有一个鱼池。与门厅相对的是堂屋，两旁同样是并排的四间卧室。在堂屋和门厅两栋建筑之间以厢房相连，一层是楼梯，又有小院门通往侧院，二层是走廊。二层建筑在朝向院内有一圈走廊，这就是当地所谓的"跑马廊"，其余建筑的空间布局与一层相同。建筑为木构架穿斗式结构，一层卧室有架空的木地板，用于防潮，传统做法还有的在地板与地面之间铺箬竹叶。木地板架在木质地梁上，而地梁又架在柱础上，于是柱子、地梁、梁和穿斗，组合形成了木质框架体系。二层的走廊上部采用鹤颈轩形式。荫馀堂的一层的窗户都为雕花格栅窗，外有窗罩，雕饰了团团花卉人物装饰，二层则在走廊外又有一层直棂窗。一层和二层之间的牛腿进行雕刻装饰。

1997年荫馀堂被整体搬迁至美国马萨诸塞州的埃塞克斯，成为徽文化"与世界文明对话"的窗口与平台。"荫馀堂"光是拆除工作就整整进行了四个月，所有原始信息都需要保存下来，进行编号，记录原有的结构、安放方式，美方建筑师把所有数据输入电脑，为每个部件建立永久标签。拆下来的部件包括2735个木构件、972块石片和当时屋内摆放的生活、装饰用品，甚至连同鱼池、天井、院墙、地基、门口铺设的石路板和小院子也拆了下来，装了整整40个国际集装箱，原封不动搬到美国。随后几年，中美两国的文物专家又特意从安徽当地聘请的多批专业木匠，对荫馀堂各个部件进行测量、称重、分析及修复，并将损坏腐烂的木质部件按原样重新

❶ 美国博物馆数据荫馀堂占地4500平方呎，美国采用应属平方英尺，1平方呎=1.2平方英尺，即荫馀堂占地约400平方米。

打造。毕竟中美的建筑法则不同，复建时，美方建筑师遇到不少挑战。比如荫馀堂不是根据现代的建筑安全规范建立的，内部也没有电源；屋顶瓷砖没有上釉，难以适应新英格兰地区冬天的严寒。经过中美专业人员的合作，最后不仅按照原貌复原了荫馀堂，同时也使其符合了现代的建筑规范。当荫馀堂的木头框架第一次竖立在皮博迪博物馆中时，已是2000年9月。2000年11月，中国古建筑专家、曾师从建筑大师梁思成的罗哲文先生亲自到波士顿，加入荫馀堂的备展工作。直到2003年，经过七年的准备工作，荫馀堂终于以一座博物馆的形式正式对外开放。荫馀堂的异地迁建在美国开辟了一个窗口，向大洋彼岸的西方社会真实再现了徽州人居环境的神奇魅力及文化的美妙深厚，也使得黄村更进一步地享誉海内外。有关荫馀堂迁建过程以及相关采访介绍见附录部分。

荫馀堂原址在下门村，进士第东侧，原址上现在是一幢三层的楼房，应当是一户村民的住宅。据说七八年前曾计划由美国有关基金会募集资金，在原址依照原建图纸重建荫馀堂，但并没有实施。

据王树楷介绍，黄家的后人目前都已经离开黄村。两个支脉定居上海，另有一家定居黄山地区，其他还有多家后裔远亲散居在安徽南部各县。在上海的黄炳根先生任职市政府的建筑开发公司，曾参与开发建设四季大酒店。他的一个表兄弟住在嘉兴，前几年刚去世。他的另一位表兄黄锡麒是最后一家在荫馀堂居住的黄氏族亲。他和家人在20世纪80年代搬离荫馀堂，目前在黄山地区任教师。❶

现在我们所见荫馀堂位于美国，本书所用荫馀堂照片除图3-1-16、图3-1-17是原址旧照，其余都来源于网络，拍摄地点为美国的荫馀堂展览馆（图3-1-18～图3-1-21）。

图3-1-16　**荫馀堂原址旧照**
（图片来源：自摄）

❶ 引自网络博客："美国女巫小镇的徽州建筑——荫馀堂的前世今生"。

		19
17	18	20
		21

图3-1-17　荫馀堂旧照

图3-1-18　荫馀堂讲解员

图3-1-19　荫馀堂前展廊壁绘

图3-1-20　荫馀堂木雕

图3-1-21　拆装记录

2. 进士第

黄村"进士第"是黄村现存保护最完好、级别最高的传统院落，现为国家重点保护文物。进士第修建于明朝嘉靖十年（1529年），是嘉靖八年进士黄福在家乡修建的住宅，后来曾改做家祠。黄福入仕后授兵部知事，进武选司郎中。期间，一鲍姓司礼欲为从子乞锦衣百户，旨下，黄福上奏执意不予，并裁尽所有有罪锦衣，迁福建参议，掌司事分毫不沾，却因受部属连罪被谪判饶州。不久，又迁浙江金事。因开城河、疏湘湖、勤政惠民有功，升任湖广参议。❶

院落位于下门村中部，坐南朝北，背靠高冲岩，东为荫馀堂（现仅存原址），西邻中宪第。院落中为四进院落，为主要院落，平时接待客人和举办重要活动，东西两侧为生活型院落，即家眷内眷与下人活动区。现存完整的为中间四进院落，进深50米，面宽近16米，占地面积790平方米。院落呈中轴对称布局，中轴线上由外向内依次为门楼、门屋、享堂、寝楼。门屋、享堂、寝楼前各一天井，寝楼后还有一个小天井，除第一个天井外，其他三个两边均有门供人出入。整个院落外部以围墙围合，内部是木结构体系，墙体仅仅作为围护结构，在建筑室内贴墙有明柱，柱间用木质夹壁板。

站在进士第前广场上，可见进士第大门楼。门楼立面采用牌坊样式，四柱三间，三开间只有中间一间开门洞。三间屋顶中间高两旁低，顶部为坡顶，贴外墙建设，三条正脊四条垂脊，正脊两端塑四只螭吻，龙头鱼身，装点了花砖屋脊，屋檐下砖雕仿木质结构的斗栱。再下部为石雕装饰，中间嵌"进士第"匾额，四周团饰石雕，上为相抵的两条蔓草龙纹，下为双狮戏球，左右为左文右武的石雕人物；左右两间对称装饰，上下两层石雕额枋，上为回首龙蔓草，下为鹿纹，所有雕刻都采用立体浅层浮雕手法，技术精湛。进士第匾上方悬一竖匾"乡贤"，蓝底金字。村民介绍说"乡贤"匾是后做的，原物毁于"文革"时期，当时匾后还掉出一道圣旨来，村里老师捡得，后也被迫烧毁。"进士第"匾上面原有一块，腐烂后现出第二块，就是现在这块。门楼原来就是青砖本色，现许多部分涂成深红色，不是徽式建筑的风格，前些年美国某基金会在村里搞保护重修涂成这个样子。

进门内是一个小天井院，回头看可见门楼的院内部分，乃是贴墙仿亭形式，四根木柱支撑的披檐。对面是屋门，也可称为仪门。乃是面阔五间，中间三间内凹，门在金柱位置，又采用移柱造使得中间一间开间最大。门两侧的为东西耳房，平时用于存储祭祀等材料之用。整个屋门为木质壁板，靠近地面部分用石墙裙。两扇木板大门，两侧为一对高大的青石抱鼓石，被人抚摸得十分光滑。再进门是仪门，也叫屏门，即三面围合皆可打开，其中在大门与厅堂中轴线的中间门如同屏风，以前只有重要活动如祭祀、婚庆大点或有重要人物来访才会打开，平时只从两旁经过（图3-1-22~图3-1-30）。

再穿过屋门进入前院，这是一个四合院，左右为檐廊，对面是享堂，也是整个院落级别最高的建筑，院内满铺条石，天井内屋檐下设一圈排水明沟，设计非常合理，雨天屋檐

❶ 引自360百科"商山——进士第简介"。

	23
22	24
25	26
27	28

图3-1-22　进士第大门楼
（图片来源：自摄）

图3-1-23　"进士第"匾额
（图片来源：自摄）

图3-1-24　石雕装饰
（图片来源：自摄）

图3-1-25　披檐
（图片来源：自摄）

图3-1-26　内院
（图片来源：自摄）

图3-1-27　青石抱鼓石
（图片来源：自摄）

图3-1-28　仪门
（图片来源：自摄）

垂下百条雨线都落入其中，再通过地下排出院落，俗称雨天不湿鞋。

享堂是作为家祠时祭祀所在，作为居住时则为接待客人的大厅。建筑面宽三大间，全开敞面向院内，两侧各有半间耳房。中间面宽达6.3米，由八根高超过4米、柱围1.6米的柱子支撑，柱上悬挂对联，柱子下为石雕的覆盆花卉式柱础。柱子顶端为斗栱，三踩补间斗栱，样式简洁，中间一间两攒，两侧次间各一攒。享堂前采用船篷轩形式，雕双狮花卉的平盘斗，上承瓜柱和月梁，再上是罗锅椽子。享堂中间靠后为献桌条案，背后屏风，悬挂中堂字画，中堂上悬挂"光裕堂"匾额堂号。条案前为一张方桌，两侧一对靠背椅。享堂的陈设为典型徽州地区堂屋的陈设内容形式，通常居住的堂屋在条案还要中间放置一座钟，两旁为花瓶和镜子，也有用案屏，寓意"终生平静"。而通常在堂屋左右两侧的墙壁板上还悬挂四条屏字画，以彰显主人的文化品位，中堂则以山水为主，两旁配一副对联。也有普通居住或书房中用兰草、竹子等花卉做中堂，不同的内容题材区别堂屋的功能地位。享堂光裕堂非常宽敞，容纳二三百人没有问题。粗大的木柱上有两联，一为"东鲁雅言诗书执礼，西京明诏孝悌本仁"，一为"钟鼎山林各天性，风流儒雅是吾师"（图3-1-31～图3-1-35）。

图3-1-29　**仪门顶饰**
（图片来源：自摄）

图3-1-30　**两旁的侧门**
（图片来源：自摄）

图3-1-31　享堂入口
（图片来源：自摄）

图3-1-32　内院
（图片来源：自摄）

图3-1-33　内院装饰
（图片来源：自摄）

图3-1-34　中堂字画
（图片来源：自摄）

图3-1-35　匾额堂号
（图片来源：自摄）

图3-1-36　寝楼
（图片来源：自摄）

享堂的中堂之后也是采用屏门形式，但是以前只有家族中的重要人员才能从此处经过，其他以及下人只能从享堂两侧的耳房过道通往后边的寝楼院。

穿过享堂之后仍然是一个天井院，对面就是寝楼。寝楼两层，面阔五间，一层柱网结构采用减柱法，减去明间三间前檐柱，用大额承托明间正明梁架，既突出明间，又加大立面宽，减少了开间数，避免了僭越等级之嫌。前檐下没有斗栱，寝楼内的柱子也比享堂细，体现出建筑的级别比享堂低。

寝楼后两侧是楼梯通往二层，二层在中间三间供奉祖先牌位。寝楼之后的小天井很窄，大概宽一米左右，高大的垣墙中间有假门楼，墙外则是青山（图3-1-36）。

进士第建筑为木构架结构，采用抬梁式与穿斗式相结合的方式，也有称为"插梁式"，院内共有木柱102根，多为楮树。享堂、寝楼里的众多主柱为银杏树，围粗达1.6米。黄村进士第还有一景，令人称奇。成千上万只硕大的蝙蝠聚居进士第，蝙蝠在梁上、椽上、坊上一串串倒挂着，村人称为"福到"（蝠倒）。一受惊，厅堂中成群的蝙蝠在表演着飞行特技。

"文革"期间进士第是生产队的仓库，有时也用作队员开会的地方，所以没有受到太大的破坏。现在还能看见一些当年的标语，虽然大多字迹模糊。

如此宏伟的进士第，如果是黄福自己建的，说明他的家庭应当很富裕，祖辈父辈可能是富有的商人，因为他自己才中进士两年，刚刚入仕，还没有担任什么显赫的官职。也有种说法，是黄姓族人为他而建，一族之力当然可以修建，这似乎更有道理（图3-1-37~图3-1-42）。

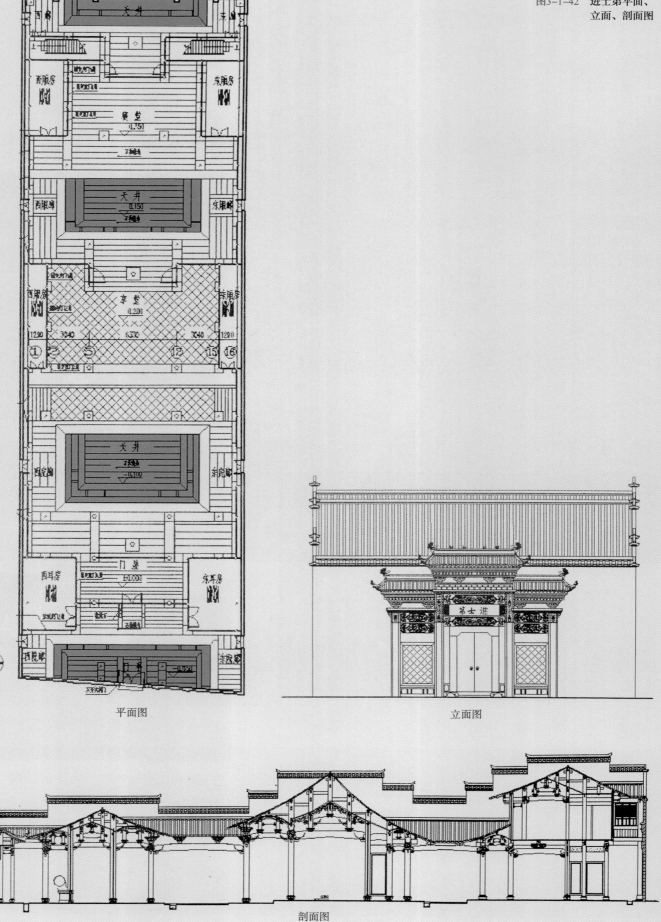

图3-1-42 进士第平面、
立面、剖面图

平面图

立面图

剖面图

3. 中宪第

清代康熙年间，黄村黄氏出了一个四品官，村中建房无地基，就在"进士第"西侧兴土建造了前后四进的"中宪第"。中宪第占地面积1600平方米，它前临田，后抵巷，由多个院落相互串联，既各自独立，又相互通达。

中宪第的院落布局比较有特色，院落位于进士第西南角，位置向前突出，打破了再早几个院落一字排开前门齐平的形式。院落西侧临溪，前边面对田园，后接小巷，背靠高冲岩。中宪第大门十分豪华，级别比进士第略低，外看是一开间牌坊形式，砖雕仿木构架枋，雕饰了团花人物图案，中间嵌了匾额，题"中宪第"三个字。进大门之后是一座小庭院，左边是前后相连的两套"】"型格局小院子，通常是管家等人居住。右边是一座小花园，名"枣园"。枣园前一条甬道，通往正厅（图3-1-43～图3-1-45）。

图3-1-43　中宪第门楼
（图片来源：自摄）

图3-1-44　门楼砖雕仿木构架枋
（图片来源：自摄）

图3-1-45　甬道
（图片来源：自摄）

甬道尽头的小门内，乃是主厅院落的东北角落。主厅其实是一座"目"字形格局院落，中轴线对称，从前之后是三个小天井院，中间夹着过厅和堂屋，都是二层小楼，中间天井两侧楼梯，二层跑马廊。主厅院落东是厨房等小院，西是内宅（图3-1-46~图3-1-50）。

4. 黄村小学

黄村人崇文尚武重教育。黄村小学（"黄氏小学"）创办于1916年，学校位于上门入村水口西北侧，依山临路。学校奉行人民教育家陶行知"知行合一"的教育思想，开休宁现代小学教育先河。朱自煊、黄兰、金家骐、朱典智、胡浩等知名人士均在此上学求知。著名教育家黄炎培先生曾亲临视察，留下"知君所学随年进，许我重游到皖南"的赞叹。1948年时任教育部长朱家骅赠金匾一幅，上书"桃李争辉"。1916年，黄振华在省立二师（休宁中学的前身）发起成立"徽州二、三同学会"，成为徽州学生运动的先导。而黄村小学便是在黄氏后代黄涤源手上创立的。建立之初，只对本族子女实行免费，外族子女入学适当收费，贫困家庭酌情减收和免收，成为休宁教育史上创办最早

图3-1-46　二层跑马楼
（图片来源：自摄）

图3-1-47　二层格扇窗
（图片来源：自摄）

图3-1-48　中宪第西门水渠
（图片来源：自摄）

的"两等"小学。后来黄氏小学搬至上门入村水口庙。学校为徽派建筑，并设立了儿童乐园。1914年，著名教育家黄炎培先生亲临黄氏小学视察，并留下了千古流芳的"知君所学随年进，许我重游到皖南"的墨宝，现在黄村小学内可见。1948年，时任教育部长朱家骅赠黄村小学老师黄兰一金字匾，上书"桃李争辉"四大字，现挂于黄村小学内（图3-1-51～图3-1-57）。

5. 上门厅

"上门厅"，背靠来龙山，面朝罗汉山，厅前两对又高又大的方形旗杆墩，两对六角形旗杆墩及长条是板凳分列两侧。厅有四进，一进高于一进。一进内一片大坦，两侧对称边屋。左右屋后建有周宣王庙，内置神像，空处存轿。三进享堂之上，又一高4尺、宽2尺的神，亦为存放圣旨之用。一进不知何年倒塌，剩下空墙体。后厅两侧有住房，右前有水池。整座大厅辉煌了数百年，却于40多年前被烧毁。

6. 男女祠

黄村还有男祠、女祠，均建于村口象鼻内。祠前有一棵大柏树，一支大

图3-1-49　花园
　　　　（图片来源：自摄）

图3-1-50　内院
　　　　（图片来源：自摄）

图3-1-51　黄村小学门
　　　　（图片来源：自摄）

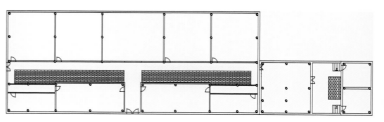

香炉，终年香火不断。在徽州历史上，为女性立祠实属罕见，现仅有歙县棠樾一处。而黄村女祠又非歙县女祠所能比，它建于黄村男祠之左，居尊位，且规模比男祠大，彻底打破了男尊女卑的封建伦理桎梏。黄村女祠背靠男祠，依山而建，面向下门，雕梁画栋，青石柱，气势盖过男祠，足见黄村人对伟大母亲的尊重，真正体现了男女平等。黄村男祠、女祠建于村口，男祠背靠象鼻山，面向高冲营，前临小河渠。祠分三大进，大门居中，一进天井内，迎面一棵大柏树，一只大香炉，终年香火不断。女祠在男祠之左，居尊位，且规模比男祠大，这彻底打破了男尊女卑的封建伦理桎梏。黄村女祠背靠男祠，依山而建，面向下门，雕梁画栋青石柱，气势盖过男祠，这在全国都是少见的。

月池塘。月池塘位于上门村中，"塘中荷绿花红，鱼虾成群，常年不放水，鱼儿可钓不可捉，鱼戏莲藕间，人映荷花面……"此类情景交融，堪称黄村的"明镜"，是古时村中的火烛塘，即用于防火取水之塘。

黄村众多的古民居聚落村中，最大的建筑特色就是无论是上门还是下门，几道巷门一关，外人进不来，也出不去，而各家各户楼上却相通，这充分体现了黄村建筑的"分中有合"的特色。

3.1.5　非物质文化

松萝茶为中国最早的名茶之一。据有关资料记载，为松萝山寺庙里的一位名为"大方"的和尚所创制。据《休宁县志》记载："邑之镇北曰松萝，以多松名，茶未有也。远麓为琅源，近种茶株，山僧偶得制法，遂托松萝，名噪一时。"松萝茶为炒青绿茶中的极品，其制作工艺开炒青绿茶制作之先河，为皖南山区炒青绿茶制作所普遍采用。2007年被安徽省人民政府列入首批省级非物质文化遗产目录。

祠堂等古建筑有着家族议事、承办婚丧嫁娶等活动的功能，但随着时代与习俗的演变，这些功能越来越少，经历风雨与人为毁坏，大多已经颓败倒塌。之所以举办这样的婚礼，希望能够通过恢复并延续在祠堂里举办婚礼的方式，使徽州祠堂文化及其本身的功能得到延续和张扬，使徽州古建筑得到更生动的保护。

3.2 黄村传统村落现状调查分析

3.2.1 保护管理现状

保护区包括北起上门村，西至门庭山、莲花坦山脚一线，南到象鼻自然村，东至下黄村村口，总面积约9.9公顷。保护内容涵盖保护区范围内的自然山水环境、建筑、街巷等开放空间、古树名木、古井、古桥以及传统的农林种植地。

其中有著名的远漂美国的"荫馀堂"、省保单位——进士第、县保单位——中宪第、百年老校——黄村小学，还有男祠、女祠、乡贤里、尼姑庵、关帝庙等众多古迹遗址。

自2005年黄村被列为休宁首批乡村旅游福地以来，市、县先后四次对黄村历史文化遗产进行调查，对黄村现有文物的保护与管理工作也高度重视起来，先后多次召开"黄村现有历史文物保护管理工作专题会议"，成立了由村支部书记担任组长的黄村历史文化保护管理工作领导小组和保护管理委员会。同时加大宣传力度，在全村范围内营造历史文物保护氛围，黄村村民在历史文物保护与管理意识上有了很大提高，并积极投入到黄村现有历史文物的保护当中。近几年来，在上级有关部门的大力支持下，先后投资100余万对进士第、中宪第、黄村小学等多处古建筑进行了全面或部分整修，同时进行白蚁的清除与防治。自2006年开始黄村先后被市、省和国家财政部列入社会主义新农村建设示范村。2006年11月黄村被安徽省人民政府公布为省级历史文化名村（图3-2-1）。

图3-2-1　新建的村广场
（图片来源：自摄）

3.2.2 社会经济发展

黄村自被列为市级新农村建设示范村以来，村两委积极调整工作思路，转移工作重心，紧紧依靠群众，因地制宜，开拓创新，实现科学发展。重点在加强基层组织建设、发展农业生产、加快新农村建设步伐上开展工作。通过努力，全村经济社会发展取得了明显成效。

1. 加强村级组织建设，不断提高基层支部的战斗力

一是加强村班子建设。"村看村，户看户，社员看干部"，村两委是带领群众致富的"领头雁"。黄村"两委"结合2008年5月换届选举工作，及时调整村、组干部6人，新配备共青团书记1人，培养村级后备干部4人，改善了班子队伍的结构。二是加强党员队伍建设。针对党员队伍老化的现状，积极做好新形势下农村党员发展工作，切实增强党员队伍的生机和活力。两年来共发展党员3人、确定建党对象4人、入党积极分子5人。三是加强阵地建设。在解决了"有人办事"、"按制度办事"的基础上，2007年5月，在上级组织部门和乡党委、政府的大力支持下，我村新建了一座徽派结构的两委办公楼，大大改善了党员活动室和"两委"办公场所，方便了群众办事和村民议事。为进一步强化党员干部为民服务意识，村委会设立了为民服务代理点，为村民办事解困，极大地方便了村民。2008年，为群众代理农村合作医疗、农村低保、身份证办理等事项共65件。

2. 抓住农村综合改革机遇，发展农业生产

一是大力推进农业产业化。在加快经济发展中，我村将茶叶作为龙头产业，大力推进农业产业化，走出一条由村两委引导、能人示范、龙头带动、协会组织的路子，"龙头企业＋合作社＋基地＋农户"的产业化经济链正在形成。同时，改造了100亩村集体茶园，兴办茶叶精制加工厂，年产干茶30000斤。省级龙头企业——荣山茶厂引进国家农业部948个项目，无害农产品加工的绿茶流水生产线已建成投产，黄村200多户村民从中受益，仅茶叶一项人均一年增收500元。2007年7月，由村委会引导，村民自发成立了"休宁县黄村农林产业专业技术协会"，并建立了章程、制度。二是发展乡村旅游业。围绕旅游做文章，创办了农家乐，本村青年曹胜勇外出务工八年学会烹饪技术，回乡创办了农家乐，年收入3万多元。开辟菊花示范基地50亩，花卉苗木250亩，引进了浙江天禾园艺公司的投资，发展杨桐柃木基地500亩。杨桐柃木基地的开发，使得村民年人均将增收近2000元。三是扩大劳务输出，增加农民现金收入。村两委在商山中华职教社的带动下，进行阳光培训，加大农民技能培训力度，向外输出木工、电工等富余劳动力300余人，每人年劳务收入13000元。

3. 利用国家对"三农"的政策扶持机遇，加快新农村建设步伐

一是制定各项发展规划。在县政府各有关部门的支持下，委托黄山设计规划设计院编制了《黄村村庄建设规划》、《黄村经济发展规划》、《黄村社会事业发展规划》、《黄村旅

游发展规划》，并经村民代表大会审议通过，得到群众的拥护和支持。二是加快基础设施建设。道路不畅一直是黄村经济发展的瓶颈，2007年9月份以来，在上级各部门领导的重视和支持下，修建了进村主干道路，修通了杨桐枧木生产通道，新建1000平方米停车场，改善了村民生产、生活条件。新建下门进士塘及休闲古驿道，并在塘周围建了新的休闲绿化带，增添新的景点，给游人展现新的亮点，按照新农村建设标准，在村庄中心地点，建造了移动基站，移动信号的覆盖率达到100%，同时有线电视的安装率达到90%以上，村民通过看电视能够及时掌握党的政策和科学知识，丰富了业余生活，还新建了一座徽派结构的村级卫生室。三是改善村民文化生活。修缮了黄村小学，修建了农家书屋，购置各类图书8000余册，丰富了村民的业余生活。新建农民文化活动场所，有篮球场、健身场和儿童乐园，供村民健身、学生体育运动和课外娱乐活动。四是整治村容村貌。村里各主干道已全部安装路灯；月池塘清淤工程竣工；已拆迁四栋影响村容村貌和交通的建筑物，并对拆迁户的新屋基地和生产生活进行了妥善安排；2009年以来，在上级各部门的支持下，进村主干道两边的绿化及上门水口处的景观亭建设工程已全部结束；关帝庙遗址处的长廊建设工程正在进行；另外，村里还聘请3名专职保洁员对村庄进行全日制保洁，在村庄内合理摆放垃圾箱和垃圾桶，与农户签订门前三包责任书，目前村庄内的卫生环境得到了有效改观。五是积极开展"一事一议"，推进公益事业发展。黄村四组通过"一事一议"财政奖补试点，群众共自筹10350元，财政奖补24150元，修建了1400米的机耕路。

以上工作的开展，使得黄村新农村建设取得初步成效：

一是百姓思想观念变新。过去，百姓等、要、靠思想比较严重，现在老百姓认为新农村建设主要是自己的事，是自己应该做好的事，是自己要带头参与的事，特别是随着试点的深入推进，这项工作越来越得到老百姓的拥护，上下之间、干群之间有了强大的共鸣，打心底里支持新农村建设。比如原住中宪第右侧的黄寿昌拆迁户主动拆迁，他对书记说："我的房子虽然是新建的，拆掉很可惜，但不能为了我一户影响全村的建设，我拆掉也乐意。"

二是经济发展步伐变快。过去，村里群众缺乏名优农产品的概念，缺乏品牌的概念。通过新农村建设，通过农村产业结构调整，现在群众市场意识、质量意识、品牌意识增强，村集体经济和百姓的收入都有很大提高。2008年村里农民村收入人均达到6736元，比上年增加1300元。村民曹胜勇2007年下半年开始办农家乐，到年底营业额8万元，或纯利润2.4万元。外出务工村民纷纷回乡创业，村民黄保安原在上海星级饭店做大堂经理，看准当地发展商机，宁愿舍弃高薪回家，投入4万多元开办一家"和谐饭店"。

三是村容村貌变美。过去，黄村脏乱的现象比较突出，现在和过去相比有了很大改观。村内道路畅通了，路上卫生干净了，门前屋后整洁了，晚上路灯亮了，村级组织活动有新场所了，同时影响村容村貌的建筑物得到稳妥地拆除或改徽，整个村庄徽派建筑已达到95%，徽派风格进一步彰显。

3.3 主要存在的问题

3.3.1 村落保存

1. 自然衰落

长期以来，对传统村落的稀缺性认识不足、保护乏力，造成乡土建筑"自然性毁坏"。传统村落大多年代久远，散落在相对偏僻、贫困落后的地区，破败严重。除了极少数传统村落被列为历史文化名村得到较好的保护外，大多数传统村落仍"散落乡间无人识、无钱修"，处于自生自灭的状态，得不到有效保护。

2. 传统建筑大量消失

不管是美好乡村建设，还是城乡发展一体化建设都免不了进行镇村布局规划、村镇间的撤并，而目前关于保留村庄尚无明确的政策标准，具体规划建设实践中的主观随意性较大，常常出现不尊重历史文化、不考虑村民利益的举村拆建活动，一大批具有传统风貌和价值的村落在城镇化进程中迅速地消失了。

3. 村落"老龄化、空废化（空巢化）"严重

农业吸引就业的竞争力弱，近年来大量农村人口进城务工，不少传统村落逐渐变得"老龄化"、"空巢化"，还有可能出现"无人村"。传统村落的"老龄化"、"空废化"，使得传统村落缺乏维持自身发展的动力，传统村落发展难以为继。

4. 环境破败

由于传统村落长期疏于管理，房屋破旧、基础设施落后、卫生状况差，导致居住环境恶劣。违章搭建多，景观风貌凌乱。街巷路面坑洼不平，不便铺设市政管网，生活垃圾随处乱倒，污水直接排入河道，对生态环境造成很大影响。这种脏乱差的人居环境不免让原著居民离巢而去，让探寻古迹的旅游者望而生畏（图3-3-1）。

3.3.2 保护管理

1. 规划编制

因资金缺乏，不够重视，地方收费低，规划整体编制水平低，实用性不强，建议设立专项资金，加强专家审查，提高规划编制水平和可操作性。

相关规划需要从县、镇等总体层面做出调整，以适应村庄的发展。有些村需要与其他邻

近村在空间层次上相互配合，共同打造建设，在区域协同发展的前提下，才能体现各村特色。

每个村编制的规划比较多，但是具体指导操作落实的很少，村内反映保护规划的可实际操作性不强，需要针对以上诸多问题深入研究，编制有效的实施规划。

2. 村落建设

传统建筑材料受限，如黏土砖、瓦，可探寻传统形式的新材料进行替代。

缺乏关于建筑改造的深化设计的探索，及结合各村的产业，对于建筑内部的深化审计，不仅仅是建筑单体外部的修缮。

基础设施建设涉及村民自身利益时矛盾仍难以处理。

3. 发展需求

开发商过分汲取资源，如呈坎村过于追求门票，干扰村民日常生活，建议细化旅游公司责任和义务，带领村民共同富裕。

管理人才十分缺乏，包括旅游管理、合同洽谈、产品创新等方面人才。县领导对村内发展建设具体的指导工作不多，各村尚在自己摸索保护发展方式。

农家乐尚处于低端发展，价格也较低，缺乏有特色的民宿设计。建议每个村都能够有几处有特色的民宿设计，满足不同层次游客的需求，同时鼓励村民自主开发创造。

村内的产品主要依靠农业种植或传统的加工制作，需要鼓励文创产品的研发，农副产品产业链条的形成等。传统的产品还只是依靠小商铺来经营，与村落之间的联动发展不够。

4. 保护管理

对于有保护价值的私宅、缺乏保护机制，加之产权不清，保护困难，政府回购资金压力大，可否考虑流转入市。

村落有传统村落、美好乡村、历史文化名村等多个称号，分属不同部门管理，各项资金来源不同，管理要

图3-3-1　裸露的外挂线路
（图片来源：自摄）

求不同，基层难以统筹协调。

乡村干部缺乏技术水平，不懂相关保护的要求，建议设立专门岗位，对接保护工作。

外地人购买或租赁村内住宅的需求越来越多，如何具体操作，既保护村民的利益，又保护传统资源，合理促进传统村落的开发利用，需要加强管理。

黄山市"百村千幢"工程探索较多，有待进一步扩大、创新与强化。百村千幢工程（对112个行政村、1800幢传统建筑挂牌保护），扩大了传统村落的保护范围，对尚未申报成功的古村落，未列入县级以上文保单位的古建筑，开了一个保护的口子。

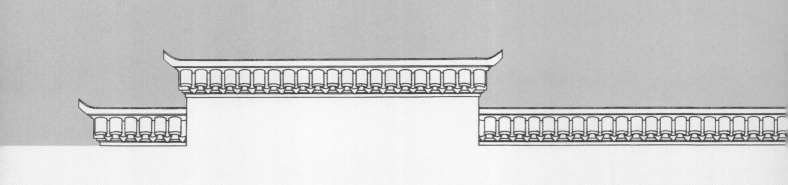

第 4 章

黄村传统村落规划改造和民居功能
综合提升实施方案

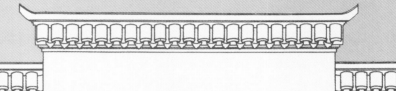

4.1 设计方案相关设计

4.1.1 传统村落选址与空间形态风貌规划

2008年《历史文化名城名镇名村保护条例》的颁布实施，对历史文化名村的保护提出了系统、全面和更高的要求，明确保护、整治和环境改善工作应纳入依法有序、科学合理的轨道。在这样的背景下，黄山市规划设计院接受委托自2008年10月开始编制《皖南古村落黄村保护规划》。

保护规划中关于村落选址和空间形态风貌保护要求提到：

"黄村周边的山场是古村落环境的有机组成部分，应退耕还林、恢复天然绿化环境，保护生态植被，防止水土流失，重现良好的生态和绿化环境。"

"总体要求建筑高度控制二层高度为主，严格限制三层高度建筑。允许采用新结构、现代施工工艺，但建筑体量、风格、比例、尺度等要求与整体风貌协调。外墙色彩按'黑、白、灰'控制，禁止使用瓷砖、马赛克、彩色石子等现代外装饰材料。"

保护规划对村落选址和空间形态是原则性的内容，属于保护规划中的一般常见内容要求（保护规划见附录）。对于保护规划，笔者认为最基础的是要对黄村选址营造中所蕴含的文化背景解读出来，之后对相关涉及的文化和生态元素进行有具体目标内容的保护。前文3.1章节已经叙述过，黄村选址的自然山水影响因子包含了周边的八座山、一处塘、一条溪水以及两处水口和上门村与下门村住宅前明堂空地田园的保护。选址环境的保护控制即是对以上因子的保护，进而完成对整个选址和空间文化系统的保护。

4.1.2 民居建筑保护修缮建设内容

1. 进士第修缮及展览展示
2. 中宪第修缮

中宪第破损相对比较严重，近期主要需要完成对入口大门以及主厅和门内小院修缮，这几处建筑主体结构还保存完整，门窗、屋顶、木结构柱子椽子等局部有破损，室内木地板有腐烂，近期修缮能够及时控制，不会出现快速破损。而厨房院落破损十分严重，屋架结构已经塌毁，近期资金有限的情况下可暂时不动。

3. 武进士古建修缮项目

该建筑层数为两层，建筑最高高度8.7米，建筑面积405.60平方米。主要修缮内容包括基础部分、承重木构部分、屋面、檐口木构部分、墙体及门窗洞窗部分、屋面檐口墙头瓦作部分、楼地面部分、木装修及大木作雕琢配件部分、粉刷部分、防虫防腐处理、排水系统及消防设施等。

4.1.3 基础设施建设内容

1. 排水渠工程

长度672米，清淤2403米。

2. 路面修复工程

黄村休浮入口至村上门路道路，道路长度1071米，青石板路面宽2.5米，粒径20～50毫米，卵石路面宽1米，青石板路面2143米，粒径20～50毫米，卵石路面847米。

3. 景观绿化工程

包括新增园路250米、石桌凳4处、雕塑2座，移除枯死树木，新栽植物218棵等。

4. 基础设施建设与改造

包括建设垃圾收集处理设施1处、公厕建设改造2处、消防设施改造5处等。

4.1.4 建设效益

1. 经济效益分析

历史文化遗产保护与开发利用两者之间是相互关联、不可分割的，通过对基础设施的恢复及水系整治，以及古村所保存的丰富的文物古迹、传统村镇格局和悠久的历史文化传统戏剧、歌舞、诗文、艺术等，他们一方面可以作为宣传教育、科学研究等，将会产生很大的精神力量，同时又是发展旅游的物质基础，可以产生很大的经济效益。

历史文化名村有自己独特的土特名产、风味饮食、民族风情等，有的需要改进发展。如果抓住了这些优势，充分发挥其作用，不仅能使历史文化传统能保持和发展，在经济上也能得到极大发展。

2. 社会效益分析

本项目符合历史文化名村保护规划，其投资效益主要体现在社会效益方面：

1）本项目的建设对提高人民的文化素养、开阔人们眼界、丰富人们认识、陶冶人们性情、提高人们审美格调和艺术欣赏水平具有重要意义，启迪他们的爱国爱乡情怀，对教育后人提供了珍贵的实证资料。

2）本项目建设有利于扩大就业机会，为农民创造就业和增收提供了门路，带动了农业流通队伍及相关服务领域的发展，促进了社会稳定。因此本项目的建设有利于当地多余劳动力的安置，促进社会稳定，也有利于推动建材及相关行业的发展。

3）历史文化名村的保护与经营既是相辅相成的，又是相互矛盾的，两者之间的矛盾是能够妥善解决好的。需要在保护的前提下，将其逐步推向市场，为社会大众所了解，把它变成供观众欣赏和旅游的资本，积累资金用于再保护，这样就会形成良性循环，达到滚动发展的目的。

4）通过改善基础设施，提高居民生活质量，发展地方经济，提升古村活力。延续民俗风情、宗教文化等，实现对文物古迹和古村的有效保护和可持续发展，维护黄村历史文化名村的整体风貌特色并建立风貌展示体系，实现美好农村经济发展和历史文化环境的和谐融合。

4.2 传统徽派民居结构与功能综合提升实施方案

项目实施技术方案主要包括武进士古建修缮项目技术方案、中宪第修缮技术修复方案、排水渠工程、黄村休浮入口至村上门路道路、基础设施建设与改造技术方案。

4.2.1 总体要求

传统村落保护规划中将建筑划分为保护、修缮、整治、保留、拆除五类。为了便于实施，根据修缮要求具体保护建设中可以合并为保护修缮、改造提升两大类。

1）保护村落总体风貌特色，传承传统建筑文化，延续传统建筑使用寿命，保护村落文化资源；

2）提升居住生活空间环境质量，塑造文化品位，满足主人需求；

3）要适应改造后的功能提升要求，尤其是未来计划发展民宿、开设书吧、茶馆以及其他相关传统文化产业的庭院空间。

4.2.2 修缮方案

1. 确定总体内容，抢救优先

首先对传统建筑分类分级，依据不同建筑级别保护要求、评估结构破损程度进行分类，不同阶段采取不同措施。先开展紧迫、重要历史建筑的修缮以及传统建筑急迫性修缮，避免传统建筑急速破坏。

及时拯救濒危建筑：梁柱腐蚀严重、出现白蚁的传统建筑应及时投放药物控制白蚁，腐朽严重或出现严重变形开裂的梁柱应紧急采取支撑设施，避免进一步破坏出现建筑整体垮塌。

控制急剧性破坏：整体保存完整，屋顶局部出现破损漏雨等问题的历史建筑，纳入近期修缮对象。屋顶漏雨是建筑木架构快速腐朽破损的主要因素，前期及时修补屋顶维护费用少，便于实施。

修补构件：对于非结构性破坏的传统建筑，需要清理维护，破损构件可以保留原貌加以固定，缺失性构件按照传统形式补修。

完善彩绘：慎重对彩画等装饰进行完全重绘，建筑改造过程中需要绘制彩画等装饰纹样，应使用传统徽墨材料（图4-2-1）。

修补雕刻：徽州地区关于传统三雕构件的加工制作已经形成比较成熟的技术产业，为传统建筑修缮提供资源支撑，但是在修缮中要尊重建筑原有的级别身份，不得越级。

2. 结构加固

在非严重破损情况下，建议对原构件进行加固处理维持使用。加固处理可包括内部注射防虫防腐、外部新增加其他加强构件，或采取增加钢缆绞索等，对原结构受力体系进行优化调整，增强其稳定性。

在对原结构体系加固时，传统材料传统工艺替换破损结构构件；在原结构基础上再重新植入一套新结构体系，通常可用钢结构等，组成一套新结构，其

图4-2-1　彩画部分
　　　（图片来源：自摄）

至取代原有结构体系，使原结构成为围护体系和文化装饰体系。

私宅由村民照管，公房定期检查屋顶漏雨情况，梁柱结构体系是否出现腐朽，一旦出现及时处理。

对白蚁腐蚀木柱、梁，定期投放药物，加强检查；出现严重破损及时上报并更换。因地基不均匀沉降导致的柱子沉降、倾斜、屋檐扭曲、墙体开裂等，近期应首先在地下部分采取楔形调整地基，避免继续破坏，必要情况下在后期进行大修。必要时可采取支撑设施，避免进一步破坏出现建筑整体垮塌。

3. 局部构件修缮

尊重传统建筑特色，采取本地区的门窗形式，采取活动可拆卸铺面板或雕花花格门窗，不可生搬硬套胡乱使用，混淆商铺和民居建筑在装饰构件的文化差异。

三雕装饰性构件无安全性问题的，应尽量保持原貌，破损程度严重的装饰构件以及栏杆等安全围护构件，应检查加固，测绘图样，请当地木工师傅加工安装。

传统建筑室内地坪首选用传统方砖形式，修补破损部分。为了提高生活环境质量，泥土或夯土地面在建筑功能提升改造中，需要在室内增加防潮等建造内容时，可选择架空木地板或原室内地坪下做防潮层。新增加设施要对原有的基础以及木柱等进行必要的安全加固，室内增加的架空木地板，要在靠近木柱位置预留透气孔。庭院地坪要结合花木绿植，设置排水设施。

4. 风貌整治

全面落实保护主体与保护措施。传统建筑集中区加强环境的改善，力求保持传统风貌，不得任意改建、拆除及加建。

对居住类传统民居须按照统一的要求进行保护、维修和环境改善。在院落和建筑的内部增添基础设施及为满足生活需求进行的改造，尽量隐蔽新材料、新设施。院落和建筑的外部力求保持传统的体量、尺度、造型、风貌及装修，采用传统的材料与色调。

4.2.3　修缮要点

全面落实保护主体与保护措施；加强环境的改善，力求恢复原有风貌，不得改建、拆除及任意加建；修复外观时必须按原址、原样进行，不得改变原有的结构、层数、朝向及材料做法；对于必要的恢复、维修、加固及增添基础等需有详细设计；维修依据"修旧如旧"的原则进行。

公建类传统建筑，宜参照"文物保护单位"的标准进行修缮，可进行适当改造以符合现代功能的需要，改造之前需有详细的设计图纸。

居住类传统建筑，宜按照统一的要求进行保护、维修和环境改善，不得擅自拆毁与破坏。可在院落和建筑的内部增添基础设施及为满足生活需求进行必要的改造，但尽量隐蔽新材料、新设施。院落和建筑的外观力求保持传统的体量、尺度、造型、风貌及装修，采用传统的材料与色调。

4.2.4　传统建筑测绘技术

1. 整体测量控制

本工程为徽派建筑，测量时先要根据业主给定的定位基准点和水平点进行各单体建筑的定位测量，制定测量方案，单体定位定好后要经过业主、监理的验收方能以其为基准。

在整个施工控制测量过程中，将误差严格控制在标准允许的范围以内，始终遵循"先整体后局部、先控制后细部、边工作边校核"的原则。在场地内将进行建立总体控制网。控制网的设置将考虑场内回填和施工的影响，网点设置为网格式，并做永久保护，以便进行各点的复核与复设。施工过程中定期对总控制网进行复核，发现有变位时实行恢复。恢复时利用坐标点和未破坏控制网点作为基准确定。

2. 竖向的测量控制

局部平面位置的确定从已经在结构施工中确定的结构控制轴线中引出，高程同样从结构施工高程中用水准仪转移至各需要处。在转移时尽量遵循仪器使用过程中保持等距离测量的原则，以提高测量精度，从而使工作有明确的控制依据。外墙垂直轴线与高程均由内控轴线和高程点引出，转移到外墙立面上，弹出竖向、水平控制线，以便外墙装修。

4.2.5　施工技术

进行经常性保养与维护，包括屋顶除草、勾抹，局部揭位补漏，梁柱和墙壁等支顶加固，庭院清理整顿、室内外排水、疏导等小型工程。

1. 门窗修复

建筑群板门是由数块木板拼装而成，年久易收缩开裂变形。细小裂缝可待油饰时用腻子勾抹严实。一般裂缝用干燥木条嵌补粘牢。严重开裂的整扇门卸开重新安装，宽度不足部分用整板拼接，恢复原有尺寸，板门上原有门钉、门栊等铁件按原样补配。门栊磨损压劈或连楹圆孔磨损扩大，会造成板门下垂。维修时在下栊外皮套一个铸铁筒，恢复原有高度。铁套筒上部伸出两块铁板，用螺柱与肘板钉牢，同时在门枕的海窝处，放置一个铁碗承托套筒，延缓门枕继续磨损。上门栊残损或连楹圆孔磨损扩大时，应在圆孔内和门栊外皮各套一个铁筒，防止门扇继续倾斜。

门扇变形的整扇拆卸重新安装，灌胶粘牢，背面接缝处钉薄铁板加固，铁板应嵌入边框内与表面齐平（图4-2-2）。

格扇心部残缺小部分时，按原来搭接方式补配粘牢，大部分残缺的将格心整体卸下，补配后重新拼装。

裙板雕饰残缺、边框槽朽等按原样复制后重新安装，粘接牢固。

2. 瓦顶维修

瓦顶除草选择有效的、对人畜无害、不损伤和腐蚀古建筑物的质地、不污染的药剂进行。瓦顶拔除杂草杂树后，出现瓦缝松动、勾灰脱落，要及时清扫瓦陇，"捉节夹陇"。

揭瓦维修包括：苫背、位瓦、调脊等项工序。揭瓦前做文字、图示和照片的现状记录。雕花脊筒、大吻、小兽等一些艺术构件的编号，统计数量，绘制编号位置图，图上注明构件名称和编号。重新安装前，要清理和挑选瓦兽件，对具有独立文物价值并已残破的吻、兽及带有雕刻的艺术构件，采用漆皮泥、环氧树脂等进行粘补。

瓦顶苫背有护板灰、灰泥背、青灰背三个防护层。护板灰的厚度为1~2厘米。材料重量比为100：3：8，灰泥背的灰泥为1：3，泥内另掺麦草或麦壳，每100千克白灰掺草5~10千克，白灰、麻刀重量比为100：5。在刷青灰浆赶压时，散铺一些麻刀，随刷随轧，增加青灰背面层拉力，防止出现微细裂缝。操作时，要自上而下，压抹光平，并就举架做出囊度，使整个屋顶的曲线更加圆和优美自然。背苫完后要在脊上抹压肩灰。

位瓦时板瓦底部用厚4~5厘米灰泥垫牢，筒瓦下用灰泥装实。灰泥重量比为白灰：黄土为1：2~3，加麦草。焦渣背用体积比为白灰：焦渣为1：2焦渣灰位瓦。瓦位好后，做好"捉节夹陇"。

调脊时，按图纸位置拉线找好弧度，吻、兽和脊筒内预置铁或木制脊桩，用灰泥或细焦渣灰填实。不用脊桩时，在中间拉铁条或铁丝，将脊筒串起来，防止滑脱。

3. 木结构修缮

立柱和梁架是整个木结构的重要构件，起着支撑整座建筑物的作用。它们的腐朽、虫蛀和损坏变形会严重影响木结构的承载力，从而危及整座建筑物的安全。

立柱的维修

立柱的主要功能是支撑梁架。年长日久，立柱受环境影响和生

图4-2-2　门窗修复
（图片来源：自摄）

物损害，往往会出现开裂和腐朽，柱根更容易腐朽。尤其是包在墙内的柱子，由于缺乏防潮措施，有时整根柱子腐朽，严重的会丧失承重能力。柱子的损害情况不同，处理方法也应有所不同。

局部腐朽的处理：柱子表面局部腐朽，深度不超过柱子直径的1/2，而尚未影响立柱承载力时，采用挖补和包镶的做法。挖补时，先将腐朽部分剔除干净，最大限度地保留柱身未腐朽部分。剔除部分成标准的几何形状，将洞内木屑杂物剔除干净，用防腐剂喷至少三遍。嵌补木块与洞的形状吻合，嵌补前，木块要用防腐剂处理。嵌补木块用胶蒙古接或用钉钉牢。

柱子腐朽部分较大，面积在柱身周围一半以上，或柱身周围全部腐朽，而深度不超过柱子直径的1/4时，采用包镶的做法。先将腐朽部分沿柱周截一锯口，剔除柱周腐朽部分，再将周围贴补新木料。剔除腐朽部分后的槽口和嵌补的新木料均应做防腐处理。嵌补木块较短时，可以用胶蒙古或钉牢，较长时需加铁箍1～2道。箍的宽窄、厚薄根据具体情况决定，铁箍要嵌入柱内，以便油饰。

开裂的处理：木材在干燥过程中产生的开裂。对于细小轻微的裂缝（裂缝宽度在0.5厘米以内），用环氧树脂腻子封堵严实。裂缝宽度超过0.5厘米，用木条蒙古牢补严，操作与挖补方法相同。裂缝不规则，用凿铲等制成规则的几何形槽口，以便于嵌补。同样，做好新、旧木料的防腐处理。

裂缝宽度在3厘米以上，深度不超过直径的1/4时，在嵌补顺纹通长木条后，还加铁箍1～4道。若裂缝超出以上范围，或有较大的扭转纹裂缝，影响柱子的承重时，则需更换新柱。

高分子材料浇铸加固：化学加固是有效的木结构维护方法。柱子受白蚁危害后，往往外皮完好，内部已成中空，或由于原建时用料不当，使用了心腐木材，时间一久，便会出现柱子的内部腐朽。外皮基本完好的柱子采用化学加固的方法。常用的高分子材料有不饱和聚酯和环氧树脂。整柱浇铸时，与柱子结合处的梁枋榫卯等事先用油纸包好，避免榫卯与柱子蒙固牢，影响以后的修缮。

严重腐朽部分的处理：柱子在使用过程中，会发生局部的严重腐朽，腐朽深度超过圆柱直径的1/2。柱脚及上部与梁枋榫卯的结合处，而其他部分立柱材质仍然完好采用墩接的方法。

墩接时要注意：尽量将腐朽部分截掉，不得已而保留的轻微腐朽部分应妥善做好相应的防腐处理，以杀死原腐朽木材中残留的菌丝；接头部位截面尽量吻合，墩接时用环氧树脂胶蒙固牢，或用圆钉、螺栓紧固。粗大的柱子外面可再做铁箍，铁件应涂防锈漆；墙内檐柱墩接时，除做好必要的防腐处理外，应再涂防腐油1～2道。

柱子全部严重腐朽的处理：当整根立柱从上至下全部严重腐朽，已失去承载能力，

图4-2-3 腐朽的柱子
（图片来源：自摄）

而梁架尚属完好时，为避免大落架、大拆卸，则采取抽换柱子的方法（图4-2-3）。柱子抽换前，首先应把柱子周围（如坎墙、窗扇、抱框及与柱子有关联的梁枋榫卯等）清理干净。然后，支好结杆，使原有柱子不再承受荷载。再将旧柱子撤下，把新柱子换上，就位，立直。更换的新柱子在制作完成后，抽换前，应认真做好防腐处理。抽换过程中难免会有小的修改加工。修改过程破坏了原来木材上的防腐层，则修改处应做好补充的防腐处理。新柱子贴墙处应涂防腐油。

梁架的维修：木结构受物理、化学和生物等因子的影响，不可避免地会发生损害，使承载能力降低。久而久之，梁架就会发生变形、下沉、腐朽、破损等情况，特别是木材的腐朽，更加速了梁架的损坏。

劈裂的处理：梁、枋、檩等构件的劈裂主要是由于木材本身的性质决定的。木件制作时，含水率过高，上架后木件在干燥过程中难免产生开裂，影响构件的承载力。轻微的劈裂直接用铁箍加固，铁箍的数量和大小根据具体情况确定。铁箍一般采用环形，接头处用螺栓或特制大帽钉连接。断面较大的矩形构件可用U形铁兜住，上部用长脚螺栓拧牢。

裂缝较宽、较长，在未发现腐朽的情况下，用木条嵌补，并用胶黏牢。若发现腐朽，则采用挖补的方法或用环氧树脂浇铸加固，在浇铸前一定要把腐朽部分清除干净。

根据相关规定，顺纹裂缝的深度和宽度，应不大于构件直径的1/4，长度不大于木件本身长度的1/2；矩形构件的斜纹裂缝不超过两个相邻的表面，圆形构件的斜纹裂缝不大于周长的1/3时，采用上述方法处理。裂缝超过这一限度，则更换构件。

包镶梁头：梁头暴露在室外，很容易因漏雨受潮，发生腐朽。当腐朽并未深及内部时，采用包镶法处理。包镶时，先将梁头腐朽部分砍净、刨光，用木板依梁头尺寸包镶、胶粘、钉牢，最后镶补梁头面板。整个过程中，均应按要求做好新、旧木料的防腐处理。

腐朽严重，深及大梁内部影响承重或承重部位长期受压产生劈裂或环裂时，则应考虑更换大梁。

构件拔榫、滚动等处理：古建筑大木构架均采用榫卯结合，由于年久失修，受各种因素影响，如地基下沉、柱脚腐朽、构件制作不精或榫卯结合不紧密等，而导致整个建筑物倾斜，构件也常伴有松散、拔榫、滚动等现象，对此应采取相应措施。

对于非腐朽因素造成的问题可参考有关资料按常规方法拨正和紧固。而由于腐朽造成的损坏则必须采用相应的防腐措施。如桁条榫子腐朽，可将朽榫锯掉，在截平后的原榫位，剔凿一个较浅的银锭榫口，再选用纤维韧性好，不易劈裂的木块新做一个两端都呈银锭榫状的补榫。将较短的榫嵌入新剔的卯口，做好防腐处理，胶粘、钉牢、归位，插入原桁条搭接，也可以用环氧树脂做成补榫粘接。桁条的局部腐朽采用挖补方法处理。

角梁的加固：鉴于角梁所处的位置，易受风雨侵蚀，很容易发生腐朽和开裂。由于檐头沉陷，角梁也常伴随出现尾部翘起或向下溜窜等现象。加固修补方法是将翘起或下窜的角梁随着整个梁架拨正时，重新归位安好，在老角梁端部底下加一根柱子支撑，新加柱子要做外观处理。角梁头腐朽，采用接补法处理，做法与柱子的墩接法相同。仔角梁腐朽大于挑出长度的1/5时，做整根更换。梁尾劈裂，加固时用胶秸补，再在桶的外皮加铁箍一道抱住梁尾，用螺栓贯穿，将老角梁与仔角梁结合成一体。

椽子与飞椽：由于屋面漏雨等原因，椽子也很容易发生腐朽、劈裂和折断。采用加附椽子的方法做加固处理。当屋面上大多数椽子完好，只有个别几根需要更换，因受条件限制，又不易抽换时，复制1～2根新椽子，顺原椽身方向插进去，搭在上、下椿上，钉牢。

椽子腐朽、折断过多，则挑修屋面，普遍更换椽子。新制椽子由于体积较小，用浸泡法做防腐处理，使用4%的DL-ACQ溶液，浸泡48小时。根据木材树种和含水率的不同，适当增减浸泡时间，原则是保证达到最低4kg（干药）/m³（木材）的吸药量。

在挑顶维修时，小件很难保持完好，需换新料，更换前与飞椽和椽子等一并做防腐处理。

4.3 环境保护与开发建设控制

4.3.1 控制建设总量

将传统村落的总体环境建设与村落空间规划、用地规划相衔接，控制总体建设规模。要求在村镇建设审批环节严格把控，不得突破建设红线。加强对村落选址文化与山水环境的诠释，在村内重要空间建设宣传牌，采取卫星图、航拍图、演绎图、山水画等多种形式，展示每个村落独特的山水环境。

4.3.2 引导文化景观

基于村落文化景观丰富需要，在村落环境中建设的观景点、景观构筑物设施建设，积极提高设计质量，宜采取点缀建设，不宜搞大规模密集建设封闭村落景观视廊。在景观建设中凸显传统文化精髓，顺应自然环境，避免大面积平整建设，禁止开山填河。

4.3.3 保护自然生态

保护村落生态物种环境，禁止随意挖山填河，破坏环境，保持传统山水田园环境。物种种植选用本地常见的樟树、竹等元素，不建设大草坪，不宜采用城市绿化景观种植方式。保持村落与农田自然渗透的肌理，不新建整齐的村落边界。

在自然环境中建设防护坡首选种植本地竹林等绿化物种，通过竹林根系固定土壤。规划的排洪沟建设，要控制排洪沟地下基础稳定建设。

维系滨水街巷的空间特色，整治河道环境，加强安全排查，方便村民使用。街旁河渠堤坝进行安全排查，有松动的地段要进行灌浆加固处理。可在河道适当位置架设桥梁或河汀加强两侧道路衔接，方便居民生活，并在河道近水处建设方便居民淘米洗衣的水池、汀步等设施。村内沿排水渠局部设置水池，既方便生活、美化环境，又可作为消防水源。

定期组织村民疏浚河道水渠，清理河道内的垃圾。有条件的村落应实行雨污分流制，禁止污水直接排入水渠。村内河塘种植水生植物，通过植物过滤吸收净化水体。居民生活区排水渠除了利用植物根系过滤，还应增加卵石、砂石渗透过滤。

4.4　街巷空间保护与整治

4.4.1　街巷分级保护

对传统街巷实行分级保护措施，历史建筑密集、传统风貌良好的街巷划分为历史街巷，传统风貌不存或新建的街巷划分为一般街巷。街巷空间建设按照保护级别划分采取不同级别保护建设方式。

应保持历史街巷的原有格局和尺度，重点建设地下管网，要求建设后街巷基本保持传统风貌，重点清理街巷垃圾、杂草；应保持一般街巷主要路段的传统格局，局部可以拓宽延伸，打开尽端路，与其他道路相接。

4.4.2　历史街巷

1. 路面整治
应针对街巷不平整地段及局部风貌缺失地段进行整治。

历史街巷中用石板材质的，掀开石板后要及时标号处理，方便后期复位。碎石、卵石、青砖等材质主要应用在生活性街巷路面，施工中注意砂浆深度，防止碎石、卵石脱落。

2. 完善设施
疏通排水沟渠，雨水应充分利用地形自然排放，就近排入池塘、河流等水体。选择沟渠排放雨水时，断面一般采用梯形或矩形，可选用混凝土或砖石、条（块）石、鹅卵石等地方材料砌筑。条件允许的情况下应将明沟加盖改造成暗沟。

3. 风貌整治
整体保护传统街巷，对于与历史风貌不协调的建筑要逐步改造，保护街巷立面的形式、色彩、材料等方面的统一性、连续性和视觉景观的完整性。

街巷中禁止架设空中电线或沿建筑墙面布置管线，管线宜埋于地下。严格保护街巷两侧的历史建筑高度和形式。

4. 街巷环境整治
对街面和两侧建筑地基墙裙处垃圾污染及时处理，街巷节点重点进行空间环境整治。对街巷中有排水明渠的街巷，控制水渠周边5米范围内没有露天垃圾、粪便堆放场所，保护水渠不被污染。

4.4.3　一般街巷

1. 街巷尺度

街巷尺度视具体情况而定，不宜过宽，可对断壁残垣、废弃空地等整治后适当拓宽，村庄主要道路路面宽度宜为4～6米、村庄次要道路路面宽度宜为2.5～3.5米、宅间道路路面宽度为2～2.5米。

可在局部地段进行清理废弃场地、治理垃圾，适当拓宽或延伸打通尽端路，方便村民出行，保证道路畅通，使消防设施、垃圾清运设施能够进入通行。

2. 街巷铺装

街面材质优先使用原材料原位置整修。当原材料不够时，可以使用接近的乡土材料，如青砖碎瓦、碎石等，延续传统风格。

街巷风貌整治切不可主观臆造各种花式铺装，不可照搬城市公园做法喧宾夺主。特殊纹饰只有在历史街巷、广场的特殊位置才会使用。

4.5　重要公共空间节点

4.5.1　水口空间的保护建设

保护控制水口空间。在水口建设中尊重村落原有文化体系、保护水口原貌，新建设施尽量避开水口以及水口视线廊道。村民居住生活区建设尽量在村水口以内，不宜扩展至水口外围。用于旅游发展接待功能区宜建设在水口外围，并应保持至少100米距离为宜，不应紧贴水口建设。水口体系可作为村内公共文化场所继续维护使用。

改善提升水口空间。规定在水口周边不得新建大体量现代建筑，保持村民、游人步行穿过水口，避免主要机动交通路线穿过，新建主要车型路线绕过水口公共活动场所。新建停车场要在水口建筑构筑物外至少100米距离。水口空间建设应体现自然与人文相结合的手法，人工元素作为点缀，凝聚空间视觉中心，不宜采用过度人工化手法建设大体量建筑、装饰性过浓的全硬质水系河堤。结合本地植物类型种植，不宜采用整齐划一或强调种植图案化的绿化种植手法。保持原生态的周边山体、水系，不过多增加新建筑。

4.5.2 公共空间的保护建设

充分利用空地广场、公共建筑及闲置民居建筑。应通过清理整治村落空间空地，改造利用公共建筑，建设成村落文化活动空间。尤其重点要通过建设文化活动空间建立村民文化活动组织，宣传传统村落保护，提高村民保护意识，结合非物质文化遗产项目，支持利用建筑改造后建立书院、组织沙龙交流活动、组织摄影书画展、非物质文化比赛等文化活动，吸纳社会组织参与村民交流活动。文化活动空间建设与后期活动组织相结合，避免建成后闲置。公共空间修复应标示具体设施和材料做法，必要时可给出效果示意。

4.6 基础设施改造规划与实施方案

4.6.1 总体要求

注意新设施与环境的结合、传统设施的传承及再利用。应因地制宜地在现有设施基础上进行充分利用和改建及新建。遵循灵活易隐藏的要求，改建工程应优先选用新型、小型化的公用设施。管线与建筑间应满足安全管理的要求，预留足够的水平距离，地下敷设的管线应有合理的埋置深度，禁止管线直接穿越建筑。坚持共建统筹的要求，室外污水管线、供水管线、电线改造和供暖管线要与道路改造协调、统筹实施。管道敷设距离不能达到规范要求时，应采取措施满足行业管理和安全要求，可采用共同沟和小型化等措施。保证雨污水设施及环卫设施配套的完善，保证村庄的环境卫生。对保护区范围内及附近已经产生的污水、废气、噪声和固体废弃物等环境污染物应进行彻底抑制和清除，同时应对产生这些污染的源头（工厂、企业）进行治理、调整或搬迁。选择合适的能源供应方式，积极采用相关适用技术，鼓励利用再生能源，比如太阳能、风能、生物质能等清洁能源，降低排放，在优化村庄能源结构同时力求做到环境友好。

各类公共设施建设和公共环境整治项目不得破坏传统格局，须符合传统村落风貌控制要求，符合规划对设施尺度和规模的控制要求，减少建设投资的浪费。民居类传统建筑可根据需要采取合理的采暖措施，可根据生活需要进行强弱电、给排水和通信设施的升级改造。

1）进行强弱电系统、给水排水系统、通信设施等改造时不得破坏建筑的传统风貌，不得降低建筑结构安全性能，不得造成火灾隐患。

2）户内管线宜尽可能暗敷，或作隐蔽处理，不得直接裸露在外。

3）所有水、电、气等管线的计量表一律设于户内较隐蔽处，不得在入户门头上设置。

4）不在屋顶架设任何管线与设施。

5）太阳能、有线电视等设施需统一协调安装，不得直接裸露在外。

6）消防设施在不影响日常使用功能及传统风貌的基础上，根据情况进行适当配置。

7）传统建筑内部不宜堆放柴草、木材等可燃物品，不应储存易燃易爆化学危险品，可配备必要的灭火器材和工具。

4.6.2　排水系统设计

对水井进行及时挖掘，清理过程中做好安全防护措施，避免行人及幼儿落井。对河道做到定期清淤，定期维护，防止淤积堵塞；同时疏通沟渠，充分利用地形地势，完善导排系统。重视利用原有的给水排水设施，对其进行修缮、合理改造或恢复，注意与现代给排水系统的充分融合。可应对供水量较大的传统水井安装小型抽水泵，夏季村民可直接接入塑料水管，以方便引水。使用水泵应注意保持水质清洁。保留传统设施，比如可在井口一侧开洞设计抽水机口，抽水机安置在井旁石木装置内，既可用水桶接水也可直接接入水管。

污水处理设施、排放设施应在考虑到村庄、村民本身需求的基础上进行本土化，因地制宜，对于有农业肥料需求的村庄，建议保留三格式形式化粪池，保持定期清掏。

污水排放宜采用分组团布置方式，自净化体系，加强污水截流设施、提高污水管道截流倍数，加强污水生态处理。不易接入污水管网的院落，应设置家庭小型污水处理设施，避免环境污染，保证河湖水体的环境质量。

院落密集度高的保护区可采用组团式化粪池处理，组团设置小型污水处理站，处理局部地段十户以内的生活污水。

加强雨污分流制建设，完善收集管网。对于污水排放明渠，应加盖板改为暗沟，提升村容村貌；对于雨水明渠，可不做该建设。合理确定沟渠断面，选用地方材料，安全敷设。推荐采用梯形或矩形沟（图4-6-1、图4-6-2）。

4.6.3　电力线路治理

对供电设施尤其是变压器的外形应进行设计，使其与风貌协调，线路设置宜优先考虑地下敷设，若无条件或难以实施亦可采用沿墙明敷的形式。在入户电线宜沿墙、柱、梁角处明线设置，并以槽板压线，槽板选用与背景协调的色调，电缆和槽盒外部应有绝缘材料包裹，禁止直接敷设在梁、柱、枋等可燃构架上。按照统建共用的原则进行通信管道的建

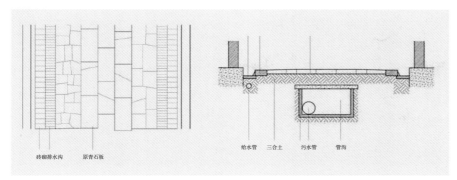
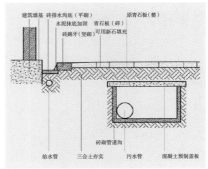

砖砌排水沟　原青石板

给水管　三合土　污水管　管沟

建筑墙基　砖排水沟底（平砌）　原青石板（整）
水泥抹底加固　青石板（碎）
砖路牙（竖砌）可用新石填充

给水管　三合土夯实　砖砌管道沟　污水管　混凝土预制盖板

1 ┃ 2
━━━━━━
3

图4-6-1　**街巷断面市政管线布置示意图**
（图片来源：李志新　绘）

图4-6-2　**巷路面断面**
（图片来源：李志新　绘）

图4-6-3　**入户管线**

设，管线宜尽量采用传统色彩，并进行防潮、防腐和防火等处理。逐步清理居民乱搭乱接线路的现象，消除安全隐患。逐步更换废旧电线杆，梳理电力、电信线路，敷设路径尽量短捷顺直，减少直接同道路、河流交叉，避免跨越建筑物。合理安置变配电设施，做好防护。对严重影响风貌的电表箱、井盖、空调室外机等现代设施应进行风貌协调处理（图4-6-3）。

4.6.4　环卫设施设计

宜继续推行"户集，村收，镇转运，区处理"的垃圾处理方式。

容器化、密闭化收集管理，避免二次污染。传统村落内部及周边不应规划设置垃圾填埋场、垃圾焚烧站等污染性垃圾处理设施。

垃圾箱（桶）应古朴小巧，与村落周围环境风貌保持一致，垃圾收集站应坚固、密闭，宜设在隐蔽处。

公共厕所作为村庄环境卫生的基础设施，应普遍设置在村中人口密集区域附近。公共厕所建筑风格应与周边环境相协调。同时改善现有公厕卫生条件，实现粪便的无害化、资源化处理。

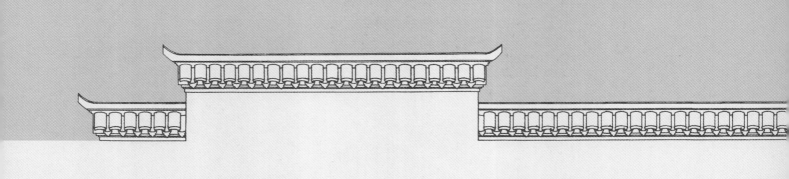

第5章

实施效果

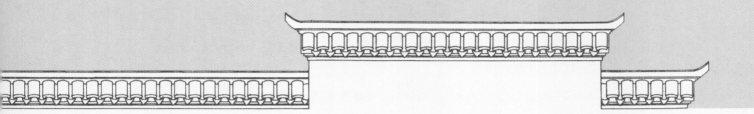

规划设计中通常要求环境治理重视建筑所在环境的整治以及文化氛围的营造，结合照明手法、标识系统设计，突出重点。结合建筑特征，形成封闭或开放的环境氛围。

道路交通：黄村传统一条村落道路，从上门村一路经过黄村小学、下门村、水口，原是一条1.5米宽的石板路（图5-1-1）。环境整治过程中将两村之间的路段加宽，两侧增加了卵石带（图5-1-2），而村之间小路采用了碎石和卵石路面形式（图5-1-3），做成了游人步行路，只有下门村至原水口的部分还保留原貌。

对于环境整治，笔者一直的观点就是适度整治，清理垃圾和修补破损路段就够了，不适宜整

	2	3
1	4	5

图5-1-1　村内古桥河道
　　　　（图片来源：自摄）

图5-1-2　上门村与下门村之间的
　　　　小路
　　　　（图片来源：自摄）

图5-1-3　村内步行路
　　　　（图片来源：自摄）

图5-1-4　进士第前水塘堤路治理前
　　　　（图片来源：自摄）

图5-1-5　进士第前水塘堤路治理后
　　　　（图片来源：自摄）

治得过于整齐。下门村前的水塘以及塘间小路，在2016年调研时候还是保留了更多乡土气息，石板小路，两侧水塘里种植了荷花和水稻，塘边长满了杂草，靠近院落一侧有几棵杉树等小树，建筑掩映在树木之后（图5-1-4）。但是2017年9月笔者再去调研，发现这片水塘已经被整治了，2018年3月这种治理更加明显。首先是原来的石板路被更换为碎石和卵石路，河塘边的杂草驳岸被代之以人工种植，并砌筑了条石塘岸，另一侧稻田边新建了两座竹制亭子，摆放了两台木龙水车，靠近宅院一侧的小树也被除掉了，这样展露出建筑一排立面，但是原有的乡村气息就大大减弱了（图5-1-5、图5-1-6）。

在传统村落中，传统的诸多设施都是用来生产生活的，比如进士第前的广场，村民晾晒稻谷，也有开着农用车叫卖自家的蔬菜瓜果，小孩子游戏玩耍，这里俨然是一处多功能的公共场地。而村内新建的健身活动器材，则很少使用，一方面由于健身器材场地没有经过整理，建设比较随意，更多原因是与村民生活结合不多，建设仅仅成了摆设（图5-1-7、图5-1-8）。

5.2　传统建筑修缮

1. 进士第保护修缮

进士第是黄村首先得到保护修缮的中外合作项目，2016年第一次调研期间已经修缮完成对外开放。修缮中主体结构基本未动，主要修缮内容为斗栱等结构变形和腐烂的构件、腐烂的椽子，以及建筑室内的木质壁板隔断等。修缮过程由黄山市本地传统工匠完成，黄山市具有成熟经验的施工队，足以完成此修缮任务。修缮按照建筑原有的格局形制，维持了建筑原貌。最后一进的享堂部分，在二层按照本地传统的祖宗牌位供奉形式复建了排位台（图5-2-1～图5-2-7）。

2. 中宪第保护修缮

2016年9月初次调研，中宪第保护修缮工程尚处于工程招标准备阶段，时隔一年后笔者再去调研，赶上项目正在施工。施工现场分成两个队伍，一个是屋顶施工，正在把屋顶

6 ┤ 7
  └─ 8

图5-1-6　进士第前水塘堤路治理后
（图片来源：自摄）

图5-1-7　进士第前晒场
（图片来源：自摄）

图5-1-8　村内闲置的健身器材
（图片来源：自摄）

1
─
2

图5-2-1　修缮后木架结构
（图片来源：自摄）

图5-2-2　修缮后的斗栱
（图片来源：自摄）

图5-2-3　室内木隔断修缮后效果
（图片来源：自摄）

图5-2-4　修缮后的侧屋门
（图片来源：自摄）

图5-2-5　进士第庭院
（图片来源：自摄）

图5-2-6　进士第堂屋修缮后效果
（图片来源：自摄）

图5-2-7　进士第享堂修缮后效果
（图片来源：自摄）

图5-2-8　中宪第修缮过程中搭建脚
　　　　　手架
　　　（图片来源：自摄）

图5-2-9　修缮前的屋顶与走廊
　　　（图片来源：自摄）

图5-2-10　修缮前木地板
　　　（图片来源：自摄）

瓦揭下来，另一个是在院子里做门窗构件修缮。部分木质结构柱子等已经完成保护修缮，可以看出明显修缮痕迹，一部分门窗完成修缮后装回原位，几个一层和二层之间的梁头牛腿木雕也已经更换为新作。

　　施工现场在天井院内搭建竹制脚手架，一部分工人在屋顶揭瓦，装在竹筐内通过滑轮放下来，由地面工人码放在庭院内。二层建筑屋顶腐烂的椽子以及楼梯等可以清晰地看到，揭瓦就是为替换腐烂的椽子、卸载枋和椽子等构件的荷载，以便于进行替换和矫正倾斜。建筑的木地板尚未修缮，按照计划是在最后阶段完成的内容（图5-2-8～图5-2-10）。

2018年3月笔者再次到黄村调研，中宪第计划一期修缮的建筑已经基本完工。中宪第门楼将缺损的顶瓦、滴水瓦补全（图5-2-11），门楼内主体完工，木质梁枋和柱子全部更换，屋顶顶瓦和椽子等全部新换。但是从门楼内部看，原来二层的门楼被降为了一层，相当于门楼内部分全部为新建，形制也被替换（图5-2-12、图5-2-13）。

院落内部建筑修缮中，入口左侧的佣人居住院落二层门窗大部分更换为新作直棂窗，局部更换了窗下栏板和梁，矫正了原来有倾斜变形的檐口，更换了部分椽子，在檐枋下补充了一些丢失和腐朽的斜撑（图5-2-14、图5-2-15）。一层部分木质地梁更换了，新作了楼梯。

木柱部分修缮中，剔除了柱子底部腐烂部分，大部分为室外裸露的柱脚，面积约为柱子断面的1/4，高度为50厘米，用新料修补，与原木柱部分进行胶粘，粘接部分的顶端用铁箍箍紧，修补替换长度超过50厘米的一般在上下分别作了铁箍。主厅部分能够看到明显的柱子修补痕迹（图5-2-16、图5-2-17）。主厅的二层窗和窗板也有修缮，若门窗总体保存较好，只有局部窗框（通常为近地面部分）有腐烂，窗户缺少窗棂，则仅仅补充局部窗棂，剔除腐朽窗框后再用榫卯形式用新料修补完整。室内部分需要更换的腐朽壁板则可以直接拆除下替换新板，在进士第修缮中，大部分壁板为新作，中宪第修缮中则只更换了破损缺失的部分（图5-2-18～图5-2-22）。

11	12
13	

图5-2-11　**修缮后的中宪第门楼**
（图片来源：自摄）

图5-2-12　**修缮后中宪第门楼内侧**
（图片来源：自摄）

图5-2-13　**新换屋顶顶瓦和椽子**
（图片来源：自摄）

14	15
16	17

图5-2-14　**修缮后的院落**
（图片来源：自摄）

图5-2-15　**修缮后建筑效果**
（图片来源：自摄）

图5-2-16　**修缮后的柱子**
（图片来源：自摄）

图5-2-17　**修缮后的柱子细部**
（图片来源：自摄）

18	20	21
19	22	

图5-2-18　**修缮后的窗板**
（图片来源：自摄）

图5-2-19　**修缮后室内壁板**
（图片来源：自摄）

图5-2-20　**修缮后的檐口**
（图片来源：自摄）

图5-2-21　**修缮后的檐口**
（图片来源：自摄）

图5-2-22　**修缮后的一层梁头**
（图片来源：自摄）

5.3 总结

经过初期历史建筑保护修缮和环境整治工作，黄村两个重要历史建筑宅院得到修缮，恢复了原有历史风貌。总体看建筑修缮质量较高，也反映出皖南地区历史建筑保护技艺的传承是有质量保证的。村落内破损的历史街巷以及根据村落发展旅游需求整治修缮的道路也已经完整，村内出行环境得到极大改善。

但是同皖南大部分传统村落一样，黄山村保护建设工作过度依赖政府投资，村民和社会资金无法调动，主要是管理机制灵活度不高，缺乏大胆创新，鼓励社会人员参与历史建筑保护，并可享有一定的使用权。第二问题是村内传统建筑保护修缮工程建设管理制度死板，历史建筑的保护修缮要求较高，可以要求有古建筑施工经验的资质团队完成，而其他非重要级别的传统民居修缮可以由本地工匠修缮，全部采取招投标形式，前期流程时间长，耽误了传统建筑最佳修缮时期。同时历史建筑修缮工程招投标资质要求过于苛刻，很多传统建筑本是由民间工匠修建的，但是民间施工队的工程建设资质有限，现在对建设工程全部要求高级资质是不符合实际情况的。

附录 1　回忆与思考

　　人性的一个最美好、最奇妙之处是我们总是满怀希望。就是在最绝望的境遇里，我们也梦想和思考未来。在人类成功的背后，永远闪耀着希望、毅力和行动。我想，正是怀着希望，我才来参加，这样一个文化生态保护的学术研讨会。

　　对徽州来说，我是一个外乡人。31年前，因为拍摄电影《画家李可染》，我第一次来徽州。车从杭州出发，经浙江临安驶入徽州歙县。一路上古城、古镇、古桥、古塔、古渡、古树、古墓、古祠堂、古牌坊比比皆是，尽收眼底。特别是那掩映在山谷丛林之中的古民居、青石、白墙、黑瓦——让人觉得太美了。我怎么也想不明白，这远离大城市的穷乡僻壤，怎么会有那么多我从来没见过的有意思的建筑？这经济条件落后的农村，似乎隐藏着一个神秘的文化世界。1990年拍摄影片《张大千》，我又一次来到徽州。拍电影毕竟来去匆匆，最多待上个半月。那时我就下决心，有朝一日，我一定再来这里，走进徽州，走进这如梦如幻的文化世界。1997年，愿望终于如愿以偿。在美国田野小溪艺术文化基金会（Brook Field Arts Foundation）的资助下，一项中美文化交流项目"荫馀堂"开始启动。把一幢徽州古老的民居，搬到美国，建一个展览馆，创造一个环境，一个氛围，让每一个走进这幢房子的人，沉浸在对古徽州传统历史文化的回味中……这是一个多么令人激动的事呀！于是，我毫不犹豫地放下了我从事了二十多年的电影导演工作，加入到"荫馀堂"项目中。这个项目得到了中国政府和一些相关部门，特别是黄山市、休宁县政府的大力支持。在确定重建方案时，郑孝燮（中国文物委员会委员、中国历史文化名城保护专家委员会副主任），吕济民（国际博物馆协会中国国家委员会主席），朱家晋（著名历史、文化、文物专家），张开济（著名建筑大师），罗哲文（中国国家文物局古建筑专家组组长），黄克忠（中国文物研究所所长）六位德高望重的老人，亲自出马，和美国的建筑专家一起讨论，制定方案。值得一提的是，时任休宁县县长的汪建设先生，力排非议，一直坚定地支持这一项目。市文化局陵建民、汪翔先生，休宁县文物局的李泰、汪涛先生，都做出过非凡的努力。

　　从1997年7月开始测绘拆迁，到2003年6月"荫馀堂"建成，六年期间，徽州的砖工、木工、石匠，数十人多次赴美，与美国的工程人员，一起参与修复重建工作。罗哲文老先生，近80岁高龄，两次远渡重洋赴美现场指导。重建工作不仅对"修旧如旧"等理论有所总结、创新，在对原有旧建筑材料（砖、瓦、石、木）的强度和防腐处理上，也进行了多种技术尝试，取得了极其宝贵的经验。六年间，我们还收集、整理了大量关于徽州建筑、民间、民俗等文化资料和生活用品。特别是在对"荫馀堂"黄氏家族历史的调研过程中，我们收集了大量文字、照片、书信、实物，这对研究徽州历史、文化极具价值。

竣工时，杨洁篪大使、美国总统夫人劳拉布什都发来贺电。中国驻纽约总领事张宏喜和夫人，一起参加了开幕庆典。张宏喜大使，给予"荫馀堂"很高的评价。他指出"荫馀堂"是中美建交以来，民间文化交流的最佳典范，是中美两国专家、工程师和工匠们共同努力的重要成果。这必将加强中美两国文化交流关系。美国麻州州长，美国十几个博物馆的馆长，以及中国、加拿大、西班牙、法国、德国、日本等国家的政府官员、驻美大使、文化参赞都来表示祝贺。不少报纸、杂志、电视台都报道了这一消息。开展第一天，就有一万多人来参观。

"荫馀堂"落成后，经常举办一些大型活动。2004年春节，以休宁县县长胡宁、市外办主任柴晓光为正副团长的黄山市友好代表团和荫馀堂黄家人，应邀赴美过了一个别具特色的中国年。麻州政府，以极高的礼遇接待了代表团一行，并授予"荫馀堂"建筑无上荣誉证书。当代表团步入"荫馀堂"时，世界著名大提琴家马友友，坐在"荫馀堂"鱼池旁的石凳上，一曲乡音迎候徽州的客人。

2004年11月，"国际古建筑研讨会"在这里举行。来自中国、日本、德国、中国香港等国家和地区的学者、专家们欢聚"荫馀堂"。中国著名古建专家罗哲文先生出席了大会，并作了题为：《以"荫馀堂"的移建美国碧波地·艾塞克斯博物馆为例论建筑文化及其交流的重要意义》的演讲。罗老以一首小诗开场：

慧眼觅明珠，几度皖南游；

建筑综艺术，文明启从头；

交响凝固乐，木石之史书；

荫馀堂将圮，构架屋还留；

起死回生术，渡海再重修；

中美人民谊，文化互交流；

辛勤凡六载，大功告成就；

著书传后世，美名千古留。

2005年6月，"荫馀堂"举办了"中国文明的启示"主题活动。邀请了宁德根等徽州工匠，赴美表演传统木制家具和竹器的制作。2006年11月，又举办了"中国传统家具制作对现代家具的影响"展览，至今，在"荫馀堂"展览厅的屏幕上，每天都滚动展出，张建平先生拍摄的一百多幅徽州摄影作品……

如今，"荫馀堂"已不仅仅是一幢民居的名字。它已成为了一个符号——中国文化的符号，一个窗口——徽州对外宣传的窗口，一个象征——中美两国人民友谊的象征，一座桥梁——桥的这一头，是一个伟大的历史悠久的文明古国——中国。桥的那一端，是一个从许多伟大的古老文明发展出来的国家——美国。

我的一个美国朋友——专栏作家Nina，听说"荫馀堂"正式对外开放。她急忙提前结束了在英国的工作回到波士顿，当她站在"荫馀堂"的天井里，激动地哭了。她说：树楷，我真的太爱这房子了……Nina的眼泪是真诚的，她对徽州建筑、文化由衷地欣赏。我想，如果徽州人对自己的建筑、文化不能给予由衷地欣赏，那这文化就根本不可能得以流传，即便是根深蒂固的文化传统，也可能面临被遗失的厄运。就在我们用巨资、用心血、用"从摇篮到摇篮"的思维方式去重建"荫馀堂"时，"荫馀堂"的故乡，徽州的古民居，却在以每年百分之一、二、三、四、五……的速度拆除、倒塌、消失。当年我们选定备用的六幢民居，除"荫馀堂"以独特的风姿矗立在美国Salem，另还有一幢休宁县月潭的，濒临倒塌的民居，因我们买下捐赠给"古城岩"，才躲过了劫难，其余四幢已全部消失，片瓦未留。2004年5月，张艺谋导演到美国波士顿，领取第一届"酷乐极"（Coolidge Corner Theater）剧院奖时，曾到我家稍憩，并参观了"荫馀堂"。参观后，他给我留下这样几个字："王树楷做了一件积德的好事"。艺谋讲：当年在徽州拍电影时，千辛万苦选好了外景地，过些时候要拍了，发现房子已经给拆了，真可惜呀！每次我和朋友们到徽州，总是要走山村，窜小巷，沐浴徽州文化的悠悠神韵。

十几年来，我们几乎走遍了徽州的大小村镇。感受美，是对心灵的一种安慰。但每次出行，并非全是赏心悦目。每当看到一些精美的古民居被冷落荒废，甚至被破坏；每当看到日夜繁忙的采砂船，把清清的江水变成浊水；每当看到一些极具价值的景点，被折腾得俗不可耐，惨不忍睹，我们的心就在痛。为了尽一点微薄之力，为了推进"荫馀堂"项目，1998～2005年，我们先后出资维修了休宁黄村省级文物保护单位、明代祠堂"进士第"、清代民居"中宪第"、月潭朱仁宅等四户古民居，并捐资给黄山市文化局，搬迁保护了古民居"怡怡堂"。在七年的项目实施中，我们面临很多困难和无法逾越的障碍。比如在修复朱仁宅时，住户闻风将老房子的旧木地板全部拆掉，让我们给换新的。无论是祠堂还是民居，你修复了它，给它输了血……但，因为没找到新的功能，新的生命，于是它一头倒在你的怀里，你就永远成了它的承包户。为了开拓新思路，2005年，我们买下了黄村"中宪第"的部分产权，租用了剩余的部分进行修建，成立了"荫馀堂中美徽文化研究院"。我们的愿望旨在：守护徽州一个小村庄，使其无论在自然还是人文方面，都能保存一些古徽州的原生态；架一座桥，让这样一个小山村，能和世界对话交往；探索一条路，寻求小山村的经济发展与古徽州文化生态保护的和谐之路。这一年的五月，中国人民的老朋友韩丁先生的女儿，我的好朋友卡玛女士，带领美国波士顿东北大学，22名师生组成的"文明对话"团，进驻黄村。在"进士第"，市委副书记朱文根、县委书记胡宁和来访的师生们，就徽州文化等一系列问题进行了友好交谈。他们和村民一起下地劳动，到村民家吃农家饭，促膝交谈。他们到黄村小学，教孩子们英语。他们每天早晨五点起床到村里街巷，田地捡拾塑料袋，清除垃圾。临行前，几个男学生买了胶合板，自己动手做了一个乒乓球台，送给村里的孩子们。离开时很多人哭了，他们说：做梦也想不到会到这样一个美丽、古老、可爱的村庄……之后，加拿大多伦多大学建筑系的师生来黄村上课，实地测绘古民居，观看木工、竹匠表演。美国南加州大学，全美学校亚洲事务委员会主席梅巧一行……几乎每年都有美国的师生来黄村学习、考察、交流。

2006年，居住在美国Salem市的，一个名叫吉娜的女学生和她的老师、同学们一起来到黄村，她带来一份印刷非常精美的文件，这一年她19岁。八年前，11岁的吉娜听说Salem搬来一幢中国的老房子，几乎每天，她都跑到工地观望。六年过去了，"荫馀堂"建成了，吉娜也长大了。上大学时她选择了国际关系专业，她的妈妈是一个议员，她通过妈妈向当地议会递交了一份提案：建议Salem地区和黄村建立一个友好社区。议会以全票通过了这一提案，并派她以特使的身份来到黄村。商山乡政府、黄村村委会授予吉娜、黄村荣誉村民的称号。这本应可以成为新中国成立以来第一个，我国村庄与国外社区签署建立的友好社区。可是不知为什么，至今美方都没收到一个正式文件，连一个回信都没有。大家想一想，我们将如何面对可爱的吉娜？如何面对Salem？

2006年9月，法国驻华大使馆文化参赞白立德先生、经济商务公使衔参赞泰思达先生和夫人、法国亚洲代表驻华记者蒲皓琳女士等一行十人来黄村。夜晚，李宏民市长、胡宁书记闻讯赶来，大家就徽文化的保护、乡村旅游等方面进行了热烈的讨论，一直到深夜都久久不愿离去。这次来访促成了后来黄山与法国的合作。

2007年，经朋友介绍，我结识了美国生态学家和活动家，艾比·洛可菲勒女士和波士顿"低熵系统资源研究所"代所长劳拉·奥兰朵女士。爱比·洛克菲勒是洛克菲勒家族的后裔。从1976年，三十多年来她一直倾心研究，推广一项生态保护技术——利用堆肥无水厕所，处理人类的排泄物。她们认为：现代的下水系统在许多层次上，是解决卫生问题的一个坏答案。80%的费用被花在了铺设管道上。下水道污染了洁净水，而且污水处理厂产生污泥。这是有害的副产品，它不仅被居民的废物而且被工业的废物所污染。目前，美国的一些社区把污泥散布到农田里，忽视了未知的远期生态和健康后果。人们认为，现代的下水处理系统解决了废水问题。其实，它只是把问题从一处转移到另一处。水处理得越清洁，污泥越复杂而有毒。劳拉说：你可以旋转一个地球仪，把你的手指放在任何部位，你都可以发现那里的卫生不好或对环境不利。我们指的是约26亿人，他们的基本需求尚未满足。公共的生态工程，包括从原头上就把排泄物隔离的无水厕所是解决问题的关键，考虑到黄村和徽州的实际情况，我邀请了劳拉和艾比女士。她们欣然同意，并和北京绿牛有机农庄的几个朋友，一起来到黄村（绿牛有机农庄两年前成功地引进了这一项目）。三天的时间，他们分别与村民、村干部座谈，察看了学校、家庭的卫生设施，了解了沼气的使用情况，提出了可行性实施方案。

我们曾拟定过一个《绿色力量》计划书，希望在整个徽州地区，通过建立一个强有力的动力系统，推动绿色和有机农业发展。并期盼以此改善保护徽州的自然生态和文化生态。我的一个澳大利亚朋友Geremie知道了这件事，他从澳大利亚专程飞来找我。Geremie是国际知名的汉学家，也是陆克文总理的汉语老师。在莫尔本正筹建《澳大利亚国际中国文化中心》。他是总理任命的首席执行官研究中心主任。他说：你的《绿色力量》想法，我跟我们的环保部长（她是个华人后裔），莫尔本大学校长聊天时谈起过。陆克文总理知道后还约我谈了一次，此时我正在寻找中澳两国的文化合作项目，于是我们一起来到黄村。在黄村，我们讨论了《绿色力量》作为两国合作项目的可行性。他还提出建立莫尔本中文学院黄山分院的设想。

2007年，就在法国朋友来黄村后不久，我的朋友，新浪网董事长汪延先生提议成立一个组织，为徽州做点事。在他的倡议下，汪延、兰珍珍（欧莱亚中国副总裁）、张建平（徽州摄影家）、姚顺涞（徽州古建专家），我们共同发起成立了《徽州之友》俱乐部。在成立仪式上我说：我们不可能改变一切，但是我们可以影响，如何去影响呢?（特别声明：虽然大家推选我作俱乐部首任主席，可工作都是他们做的）我们利用"进士第"成功地举办了一场徽州传统民俗婚庆，引起了各界的关注。这也是我们为徽州祠堂，寻找新功能新生命的一种尝试。我们邀请了法国前总统德斯坦先生和大使苏和先生来徽州寻古探幽。我们促成了中法乡村旅游合作项目，我们出资重修汪华公墓，为保护徽州古村落的宁静，拒绝导游小喇叭的噪音，我们向唐模捐赠了电子旅游笔。我们协助法国作家Anne撰写出版了第一本用法文介绍徽州的著作。在法国巴黎，我们成功地举办了张建平先生《徽州面孔》摄影展。

也就是在这段时间里，黄村的影响给它带来一个历史的新机遇。市、省、国家财政部、先后将黄村列入社会主义新农村建设示范村。财政部、国家旅游局、国务院政策研究室的领导，对黄村十分关注。在县、乡政府的领导下，村庄面貌发生了较大变化。拆除了一些有碍古村风貌的建筑，整治环境，修路，改道……大干快上可谓是热火朝天。就在这时，我接到一封从美国发来的信：

亲爱的王树楷：

如果你能把这封信递交给有关政府的负责部门和官员，我将不胜感激。我刚刚看到了通往黄村那条路的照片，我感到非常吃惊和极其担忧。我们为了保存黄村的传统特色和徽州村庄风格已经付出了很多辛勤的工作，而这条路毁掉了整个地方的感觉。我们一直希望通过我们在黄村的保护项目来为中国创造一个模范村庄。传统文化不单单是一种食物或者墙上的一幅画，它也是一种生活方式，一个风景和建筑。当地的建筑、村子的布局和周边的风景定义都支撑着徽州丰富的文化世界。这条路破坏了荫馀堂项目一直努力的方向。

修建这条路的资金应该用在支持村民们把他们的田地转型为可种植健康的有机食物，让他们可以通过销售食物在经济上支撑他们传统的农耕生活方式和保持地区文化。这些资金也可以被用来在村子里重新修建荫馀堂，从而训练伟大徽州建筑传统的新一代接班人，让这些传统的工艺不会被丢失。我们也希望寻找方法让村民们能够生活在他们美丽的传统住宅，并与此同时享受现代生活方式和便利设施。我们也希望为这些房屋安装节省能源、可持续的设施，为中国的绿色计划做出共享，让黄村成为一个真正的模范村庄。修建这条路的资金本可以支持上述所有的项目，把黄村和休宁提升到一个更高的典范地位。

美国的同僚也对这条道路对我们黄村整体计划的侵犯感到失望。我知道他们也正在计划把这种对我们和很多黄村、休宁和黄山人民辛勤努力的惊人破坏，写信告诉美国和中国的官员、报纸和电视节目。我希望尽快能看到您扭转情况的方案。

Nancy Berliner敬上

显然，在如何保护、整治黄村的环境，在一个被定为历史文化名村的黄村，应该怎样去建设社会主义新农村等一系列问题上，确实存在着不同的思考和不同的观点。我认为黄村的现状，是一些人对新农村建设目标与实质的误读造成的。当然也不能排除一些人受功利的驱使。机遇和挑战总是并存的，什么是黄村明智的选择呢？不管怎样，先得稳住Nancy别把事情闹大。我立刻回了电话，让她转告她的朋友们，感谢他们的关心，让他们相信我一定会去了解，去疏通，去扭转……其实小小王树楷哪有回天之力呀！早在卡玛带着东北大学的师生来黄村时，她就说过：树楷，黄村千万不能铺柏油马路，如果铺了我决不再来。有人说，美国鬼子就是想让我们的农村永远是贫穷落后的样子。我还真没敢告诉卡玛，黄村不但铺了柏油路，还建了停车场，正在开发旅游。我一直坚决反对在黄村发展旅游业。且不说像宏村、西递这样的被联合国定为世界文化遗产的村落，在开发旅游后所遭到的破坏和造成的"旅游污染"（我们拍摄了大量照片，一些情况，我们也都曾及时向李宏民市长反映过），就黄村而言，它的定位不可能，也绝不应该是发展旅游。黄村缺水，黄村的垃圾至今尚未找到去处，黄村的空间有限……我们不妨设想一下，如果在黄村建起旅游接待中心、集散中心（停车场、换乘地），开发娱乐业（建茶坊、酒吧、咖啡吧），餐饮业（中餐、西餐、快餐、农家餐），设保健业（足浴、按摩、休闲浴），搞旅馆业（乡村旅馆、酒店、客栈），设精品店（工艺品、食品）。到那时的黄村，人流如潮，灯红酒绿，弃农经商，日进万斗，盛况空前……这绝不是开玩笑，黄村已经引进了浙江的商人开发旅游。村口建了收费站，上黄村正在修建垂钓中心、饭店旅馆……黄村的经济要发展要提高，黄村的村民居住的条件要改善，这一点都不错。但是，我们必须在"保护"的前提下，依法有序、科学合理地开发、改造、建设。我们千万不要冲昏头脑，当心发展能力也可能演变为"破坏能力"。为此，去年我们出资，委托黄山市规划设计院完成了《乡村中国黄村村庄规划文本》。最近，我们在黄村开始启动《乡村中国房屋样板房》项目，这个项目的目标是要设计一个功能强、低成本、环保而又尊重徽州建筑传统的样板房。后来，我们邀请了国内外一些著名的学者、专家在黄村进行了四天的热烈讨论。黄山学院副院长汪大白先生、研究员方利山先生都是我们这个项目的团队成员，感谢他们对这个项目做出的努力和工作。

回顾十几年来在徽州，我们想的很多，做的不多；困难很多，成效甚小。不过我们的心是真诚的，我们是认真的、负责任的。这次来主要是向大家来学习。谢谢！

《乡村中国》执行董事

王树楷

2010年7月5日

附录2　村民参与才是乡村建设治理的重点

——关于皖南传统村落保护建设的思考小议

1. 皖南传统村落发展现状

　　截至目前，已经公布的中国传统村落总量达4153个，在传统村落分布密集地区，一个县可达几十处，对于地方政府，这既是一笔财富也是一项责任压力、经济压力、技术压力。皖南地区就是这样一片典型代表区域，安徽省前四批共有163个中国传统村落，黄山、池州、宣城三市传统村落占总数量的85%以上，尤其黄山市更为密集。2017年笔者参与皖南地区传统村落保护发展调查分析，发现大部分传统村落保护发展工作还仅仅停留在起步阶段，主要依靠从上往下推动开展，工作困难重重，地方村落又迫切需要发展。

　　目前全国范围内传统村落的主要方向是发展旅游，皖南徽州地区早在20世纪90年代就以宏村、西递为中心已经发展村落旅游，推动传统村落保护（早期称中国历史文化名镇名村），时至今日皖南地区的村落旅游有了较大发展，但是相比于太湖周边等其他地区，早期发展的优势没有较多体现，传统村落的保护发展仍面临诸多问题，主要体现在：（1）保护发展不均，村落游客过分集中。首先是地区发展情况，皖南包括绩溪县在内及黄山市六个区县，黟县发展较快，徽州区其次，其他区县传统村落保护管理相对落后。其次是每年来皖南地区旅游的游客主要集中于宏村、西递等村，年游客量约20万人次（附图2-1-1、附图2-1-2）。近年随着宣传加大呈坎、唐模等村保护发展逐步跟进，但是仍存在发展不均游客过分集中的问题。（2）村落发展旅游观光，内容形式较为单一，缺乏创新。村落旅游产品的展示要素基本均为古民居、牌坊、祠堂、水系等内容，目前的村落旅游形式主要为观光游，游客在导游的带领下走马观花，无法深入体会村落的文化内涵和资源特色，村民的参与性很弱。农家乐形式相对简单，难以展现皖南民居居住的文化魅力，而现传统建筑改造民宿投入过高，缺乏一定规模、档次的特色民居改造经营，村民的发展视角有待提升。（3）地方村镇保护工作责任重，内容复杂，缺乏技术人员指导，在村落治理、吸纳社会

1

―――

2

附图2-1-1　宏村内游客密集

附图2-1-2　西递村内游客密集

企业人员共同参与保护发展等方面更缺乏经验。村民思想相对保守，在保护利用历史建筑等传统文化资源等方面缺乏引领，目前在宏村、西递等少数村有部分村民主动进行保护利用。（4）保护管理体系不成熟，内部矛盾潜在。在古村落旅游开发过程中，涉及三种主要的经营模式，分别是政府经营型、企业经营型和村集体经营型。三种不同模式对村落保护发展影响不同。比如歙县棠樾村，旅游开发公司将村水口牌坊群和祠堂单独承包，旅游线路规划仅限于此，未能与村形成良好联动，近年随着村落旅游的兴起，村与旅游公司的矛盾日益凸显，急需研究形成地方政府、村集体村民、外来企业及人士三方共同参与村落保护管理的机制平台。

在当前国家大力支持乡村振兴的背景下，乡村发展重点是依靠村民共同参与的乡村经济与环境整治工作。经过综合分析，笔者认为在当前情况下引导村镇、村民自下而上的积极参与传统村落保护发展工作更具有现实意义。

2. 村镇村民参与传统村落保护的内容

2.1 重要作用

传统村落的保护发展不仅仅是中央和地方省市政府的工作，更是村镇发展的责任和义务。住房和城乡建设部总经济师赵晖在"传统村落保护发展国际大会"新闻发布会上的讲话指出下一阶段的工作重点在"攻坚克难，复苏传统村落。要投入更大的努力，使量大面广的危险、破损的文化遗产不仅得到保护还要得到修缮，使贫穷落后的传统村落生长出发展活力，同时使优秀传统文化在现代化建设中发扬光大。"现阶段传统村落数量众多，单纯依靠中央和地方省市政府的保护是远远不够的，复苏传统村落关键是村落活力的培养建设，引导地方村镇、村民积极参与传统村落保护，解决目前很多传统村落保护实施停滞不前的问题。

2.2 村民参与村落保护发展工作内容

村镇和村民参与传统村落保护工作，重点在深入挖掘和突出文化价值方面，要以少量的投入调动村民共同参与的积极性，改善村落面貌状态。结合村镇实力情况考虑，主要从以下方面入手：

村落保护管理机构组织。村落的保护管理机构不等同于村行政机构，要吸纳村民和社会人员参与，纳入会员成为志愿者，组织活动是激发村落活力的关键。

诠释村落文化价值特色。发挥村民才智，采取多种方式将村落选址、格局水口、景观、建筑使用等蕴含的文化梳理成形并展示出来，内容题材丰富。

建设村落文化活动中心。村落文化活动中心要面向村民开放，经常组织各种内容题材的活动，上至文化沙龙，下至村内故事。

组织村落环境治理。主要对村落边角空间、公共环境空间场地环境进行治理。

联动发展。同一个镇域或相近地区传统村落联合发展。

地方政府引导村镇和村民参与以上建设内容，不局限于此，村内可以组织各种形式参与传统村落保护建设，关键是组织开展的活动意义。

3. 开展村落自建活动

3.1 组建传统村落保护机构

传统村落保护管理机构是用于组织村落各种活动的组织，每个村民乃至社会人员都可以参加，它不以营利为目的，而把激发村内的活力视为重要任务。传统村落保护建设组织实施薄弱很大因素在于缺乏执行力强的保护管理机构，管理机构以协会形式吸纳村民和社会人员以志愿者的形式参与其中，避免从上往下推动中"剃头挑子一头热"的情形。

在国外，很多社会机构参与村落的建设，传统村落可以吸收其管理和组织实施经验。英国的百罗山村是英国贵族的世袭财产，也曾经十分衰落。1969年山村和地区社区联合会成立，有1800名义务会员，分成26个不同功能特色的协会，让社区中每个人都有参与成就感。开展建设的进展首先是从增加活动场地开始，逐步扩展改善社区环境。从1994年开始组织村民在宅前修建野生花卉草坪，每年组织志愿者精心修剪管理多次，2000年成立销售野生花卉的贸易中心，组织花卉节，古村培养了很大的声誉和人气，村内赢得了多项欧洲花卉大奖，英国政府为村内名人故居授牌。协会中很小的花卉项目也可以提高人们闲暇的生活质量，中青年也看到了产业发展希望。

3.2 多种形式的村落文化诠释

传统文化的诠释包括挖掘理解、展示、创作产品等一系列过程中。传统村落相对于其他的景观村落、美丽乡村等旅游型村镇，更具有人文优势，传统村落关于选址、格局、建筑、装饰、非物质文化等很多内容都有一定的渊源，这些文化大部分仍埋没在村民的平时言论中。引导村民将不同的内容采取各种形式表达出来，是村落保护的基础性工作，也是培养村民参与保护自豪感的过程。要善于利用本地文化元素创作，比如手绘的传统村落选址格局分析，诠释的过程也是产品创造的过程。只有采取多种形式的诠释每个村落的特色文化，才能体现出村落的独特性，即便相同相似的牌坊、建筑风格，也能有不同的表现方式，可以手绘、文字编故事、做模型，还可以摄影。这是化解产品单一重复性的唯一手段，可以有效吸引游客参与多个村落活动。村落机构要对此活动给予资金的支持和技术指导，组织交流展览，举办竞赛活动，开阔村民视野。政府可以出一定补助村落开展传统村落文化诠释活动，发行出版物、录制音像视频，如此也有助于调动起村民活动的积极性。

文化诠释一定要深入，体现其唯一性，比如诠释传统村落选址，不能仅仅是"背山面水"

这些文字，而是要将选址中提及的"狮象把门"等与现实中对应，言之有物并反应在图示中。较大范围背景的村落还要有更大的视角，如渔梁村的选址诠释至少要有三点：第一是上游一公里处，有布射河、富资河等河流交汇于此，上游的货物都随着水运汇聚于此，沿着练江入新安江可直达杭州；第二临近徽州州署，地方区位优势，人员汇集地；第三，渔梁坝修建在练江这片水湾处，这里水势稍缓，适宜建水坝。而西递村选址分析则应包括村与四周环山、与穿村而过的溪水之间的关系，重点还应包括徽派村落独特的水口环境（附图2-3-1）。

黟县宏村等村落已经有一部分村民与文化人士共同参与编著了一系列出版物，关于村落文化历史的书籍文献内容比较丰富，还需要引导其进行提升创造，开发更多文创产品，吸收台湾等地区的丰富经验。台湾地区在村落文化的诠释和文创产品的创造上更加成熟，很多著名的文化村都是以主题形式推出，而主题的内容多种多样，可以是稻草娃娃、皮鼓等产品，也可以是音乐、文化曲艺等，类似我们现在最热门的"特色小镇"。这些主题文化都强调游客的参与性活动，村民各自发挥所长，创造出台湾最擅长最具特色的文创产品，即使是一条胶带都能有所设计。

3.3 村落文化中心建设

通过清理整治村落空间空地，改造利用公共建筑，建设成村落文化活动空间。其目的是通过建设文化活动空间建立村民文化活动组织，经常组织活动收集交流传统村落各类文化素材，宣传传统村落保护，提高村民保护意识，培养村民主人翁的意识。结合非物质文化遗产项目，支持利用建筑改造后作为书院农家书屋等，用来组织沙龙交流活动、摄影书画展、非物质文化比赛等文化活动，吸纳社会组织参与村民交流活动。文化活动中心建设必须强调其开放性，与后期活动组织相结合，避免建成后封闭闲置。

村镇文化中心与村内的亭、桥等小型建筑物区分开，亭只适合少量人在此休息聊天，但是文化中心需要一定的空间，可以和村内的茶舍、书屋等相结合，也可以利用原来的私塾、闲置老宅等建筑。文化中心的交流活动是村内文化产品的交流，强调他的参与性，在村内可以有多个主题的文化中心。

日本等地区在文化乡村内通常会结合各种手工作坊、书店等设置多个文化中心，这些文化中心主要以继承发扬当地传统手工艺文化为目的，创建了"一村一品"特色旅游产业发展模式，极大地弘扬、发展了当地的民族文化，促进了地方经济的活跃和产业化发展。文化中心以传统特色手工艺为卖点，进行产业化发展和整体营销，提供产品生产的现场教学和制作体验，大力发展特色体验旅游。游客在游览时不仅可以现场观摩手工艺品的制作过程，还可以在坊主的指导下亲自动手体验，极大地增加了旅游的参与性，增添了旅游乐趣。

皖南徽州也有诸多的传统手工艺，传统村落保护建设要充分利用这些文化工艺，在村内设置文化交流区。比如歙县卖花渔村的徽派盆景工艺已经有千年历史，现为国家非物质文化遗产，但是村内尚无专门的盆景交流区（附图2-3-2）。徽州地区的制墨、雕砚、炒茶、竹雕等

$\dfrac{1}{2}$

附图2-3-1　西递村选址文化手绘图
（图片来源：李志新 绘）

附图2-3-2　卖花渔村院落内的徽派
盆景

工艺同样具有很好的艺术水平，在国际享有很高的声誉，要发掘利用这些资源。如调研中发现在阳产等村内，村民现场表演手工炒茶，所售茶价格比普通卖成品的收益翻了两倍。

3.4 组织村民参与公共环境治理

村镇村民参与村落建设，简称村民自建模式，在国外以及台湾地区都是比较成功的模式案例。这种参与往往是从组织村民开始环境治理开始的，首先环境整治不需要高技术，其次是环境整治和村民每个人的生活环境息息相关，是培养村民治理自己家园的过程。国外也通常由此入手开始村庄治理。日本在20世纪50~70年代经历了剧烈的城市化，大量人口涌入城市，传统的乡村逐渐衰落。1968年，改造农村运动在日本古川町的濑户川地区率先发起，他们从治理河流开始，当地居民从自家门前做起，每天两次自发去清理河中的垃圾。村民们依靠自己的力量，把原来肮脏的环境改造成了干净整洁的家园，还与当地政府一起商讨制定了相关法律政策，杜绝以前那种只顾经济不顾环境成本的乱开发行为。

村庄环境的整治，是以方便出行、环境卫生、空间美化为目标，不以刻意夸张做景观为目的。比如道路街巷环境整治的目的第一是方便使用通行，路面不再泥泞积水；第二是整洁卫生，不再垃圾成堆。破损的路段只做微调整的修补工作。开展过程中可以由村委和协会组织进行环境整治工作，提出内容和形式参考，由村民自己发挥去做，可以种菜种花，搭炉喝茶，镇村委可以实行每一户有补助的形式，改变以往由政府包揽全部工作。这种工作主要在村的空间内，居民自己院内的改造不列入范围，最终目标是用低成本改善村庄环境。

环境整治注重与巷弄立面、院墙、古树等周边环境风貌相协调，促进形成洁净、朴素的乡村环境，体现乡土性原则，做到人居环境和人文环境、自然环境有机融合。最好的方

式就是引导村民来自我整治,将宅院周边、门前左右的空地、闲地清理出来加以利用,比如种菜、做晾晒场地等,体现使用价值(附图2-3-3、附图2-3-4),不应做成华而不实的城市景观。

3.5 联动发展

联动发展是把相近的传统村落一体发展,分担宏村、西递过于集中的游客。现在皖南地区多个镇域有两处以上传统村落,其中黟县盆地中宏村镇有传统村落10处,碧阳镇9处(附图2-3-5)。通过开发自行车环形线路等,将临近的传统村落联动发展,丰富旅游形式。联动发展对每个村特色文化的挖掘诠释要求

附图2-3-3　待整治的环境

附图2-3-4　村落内充满乡土气息的村落空间环境治理

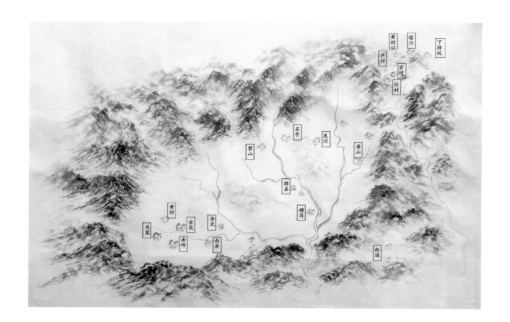

更高，在发展定位中也要各自区别，突出自己的主题文化。当前村际道路已经
比较完善，发展多村联动只需要少量的交通设施投入，由村镇集体有能力组织
发展此项目。

4．地方支持管理

村镇集体和村民参与传统村落保护建设需要上级政府的前期引导，这是我
国农村管理现状决定的。政府的引导包括支持资助组建村内保护管理机构，协
助调查提炼特色，开发多种形式的特色诠释手段和产品，协助把关各类项目设
计，带头参与村庄环境整治，组织各类专家学者参与村内各种沙龙文化交流。
政府除了少量的资金支持，更多的是提供技术平台，组织专家学者为村落发展
提供技术服务。

地方政府还需要进一步对传统村落的保护与发展进行资金整合，包括美丽
乡村建设、农村危房改造、旅游发展、文物保护等项目资金；将传统村落保
护发展工作费用纳入地方财政预算；采取以奖代补、民办公助、风险补助等措
施，引导金融资本和社会资本投入传统村落保护发展；推广政府和社会资本合
作（PPP）模式，拓宽社会资金进入传统村落设施建设、文化创意、休闲旅游
等保护发展项目，并建立合理回报机制；鼓励企事业单位、社会团体及个人通
过捐资捐赠、投资、入股、租赁等方式参与传统村落保护发展；引导村民对传
统村落内的基础设施和公共服务设施建设投工投劳。

要加强传统村落的保护与发展，采取专家指导、工匠培育等人才管理措施建设，解决村民参与传统村落保护工作的技术忧虑。建立专家指导团队，参与传统村落保护发展规划及项目编报等技术审查，谋划传统村落保护发展业态，研究提出传统村落保护发展支持政策建议。培育本地传统工匠，聘请优秀传统工匠对本地工匠进行培训，修缮文物建筑的应同时取得文物保护工程施工专业人员资格证书，传统建筑工匠应持证上岗，传统建筑的修缮应采用传统工艺并由传统建筑工匠承担。

5．结语

传统村落保护发展归根结底是村集体、村民的发展，只有引导村集体和村民自发主动地参与，才能更有效地保护。引导工作开始前期要以少投入、微启动、常参与形式组织，调动村镇集体和村民的积极性，逐步推动村落发展和环境改善，引导村民自发创作产品，丰富村落旅游内容和形式，实现传统村落的复兴。

附录3　《休宁县黄村保护规划》

1　文本

前言

黄村，位于中国安徽省南部，新安江率水流域休宁县商山乡境内的一座千年古村。

黄村古名黄川，始建于唐末黄巢起义时（约公元880年），距今已有1200余年历史。

黄村地处低山丘陵地带，村落自然、人文环境神奇优美，村落格局和建筑风貌独具特色。村内现存进士第、中宪第、黄村小学等一批具有鲜明地方特色的历史建筑，其中进士第已经被列为安徽省重点文物保护单位。

1997年，世纪之交，黄村一座古民居——"荫馀堂"，漂洋过海，在美国波士顿被较好地复原，从而开辟了这一个窗口，向大洋彼岸的西方社会真实再现了徽州人居环境的神奇魅力及文化的美妙深厚，也使得黄村更进一步地享誉海内外。

自2006年开始黄村先后被市、省和国家财政部列入社会主义新农村建设示范村。2006年11月黄村被安徽省人民政府公布为省级历史文化名村。

近几年，在县、乡政府的领导下，村庄面貌发生较大变化，环境整治工作快速推进，古村风貌得到一定程度的保护。随着经济社会发展水平的提高，居民对居住条件改善的要求日益迫切。特别是2008年《历史文化名城名镇名村保护条例》的颁布实施，对历史文化名村的保护提出了系统、全面和更高的要求，明确保护、整治和环境改善工作应纳入依法有序、科学合理的轨道。在这样的背景下，黄山市规划设计院接受委托自2008年10月开始编制《皖南古村落黄村保护规划》。

规划的编制工作得到休宁县建委、县财政局、城乡规划管理局等部门及商山乡政府、黄村村委会和许多居民的支持和协助，谨此致谢！

第一章　总则

（一）规划目的与法律效力

1. 为了严格保持和延续黄村历史格局和环境风貌，维护黄村历史文化遗产的真实性和完整性，促进徽州文化的广泛传播、传承和传扬，协调历史文化遗产保护与发展的关系，规范黄村保护、整治科学有序进行，指导控制村庄建设与管理，按照国家、省和市相关法律、政府条例规定和标准、规范编制制定《皖南古村落黄村保护规划》（以下简称"本规划"）。

2．本规划是黄村历史文化遗产保护和管理的法定性依据文件，规划范围内所有保护和建设活动以及编制各类专项规划，均应符合本规划。

3．文本中的黑体字加下划线部分是本规划的强制性内容，必须依照法律规定严格执行，不得随意改变。

（二）规划范围

黄村周边山体山脊线所围合的范围，总面积114公顷（具体范围的界定按相关图纸坐标）为准。

（三）规划依据

1．遗产保护公约、宪章

（1）《关于保护景观和遗址风貌与特征的建议》。

（2）《国际古迹保护与修复宪章》（1964年5月威尼斯宪法）。

（3）《关于保护受到公共或私人工程危害的文化财产的建议》。

（4）《保护世界文国化和自然遗产公约》。

（5）《关于历史地区的保护及其当代作用的建议》（内罗毕宣言）。

（6）《佛罗伦萨宪章》（1982年12月）。

（7）《保护历史城镇与城区宪章》（华盛顿宪章）。

（8）《中国文物古迹保护准则》（2000年10月）。

（9）《关于古建筑、古遗址和历史区域周边环境的保护》（2005年10月西安宣言）。

2．有关法律法规

（1）《中华人民共和国环境保护法》（1989年）。

（2）《中华人民共和国城乡规划法》（2008年）。

（3）《中华人民共和国土地管理法》（1999年）。

（4）《中华人民共和国文物保护法》（2002年）。

（5）《历史文化名城名镇名村保护条例》（2008年）。

3．国家有关部门规定、标准与规范

（1）《中华人民共和国文物保护法实施细则》（1992国家文物局）。

（2）《历史文化名城保护规划规范》（2006年国家建设部）。

（3）《镇规划标准GB50188-2007》。

（4）《文物保护工程管理办法》（2003年国家文化部）。

（5）《全国重点文物保护单位保护规划编制要求》（2004年国家文物局）。

4．地方性法规

（1）《安徽省实施〈中华人民共和国文物保护法〉办法》。

（2）《安徽省皖南古民居保护条例》（1997年）。

（3）《黄山市古民居保护暂行办法》（2003年）。

5．相关规划

（1）《黄山市城市总体规划（2003–2020）》（2002年）。

（2）《休宁县总体规划（2004–2020）》（2003年）。

（四）规划原则

贯彻"保护为主，抢救第一，合理利用，加强管理"的方针，坚持综合保护，积极保护，处理好保护与经济、社会发展、资源和环境保护的关系，实施遗产地全面可持续发展。

1．真实性原则

深入理解分析传统文化价值内涵，体现黄村独特村庄魅力，严格维护村、山和田园景观一体的整体风貌。

2．完整性原则

将构成遗产的要素及其周边环境，包括文化生活形态及传统活动方式及其组织生产的重要场所等作为一个整体进行保护，整体地维护黄村所代表的历史文化价值和特征。

3．合理利用、永续利用原则

挖掘历史文化遗产的社会、经济价值，一方面实施遗产的可靠保护，另一方面合理开展文化展示、观览和交流，促进社会、经济、文化的和谐发展。

（五）规划目标

1．深入挖掘历史文化资源，保护黄村山、田园和村庄交融的空间格局形态和明清特色建筑风貌，保护物质和非物质文化遗产，配套基础设施，改善生活条件，延续文化古村传统，充分体现展示黄村以下基本特征：

（1）文化生态空间（积极保护黄村自然人文和经济生态空间）。

（2）徽州魅力乡村（整体彰显特色风貌和优良人居生活环境）。

（3）交融和谐胜境。

2．发挥"荫馀堂"效应，打造徽州文化对外交流优势平台

（六）规划内容

1．宏观层次

挖掘历史文化内涵、划定保护范围、控制人口规模、控制土地和空间使用。

2．中观层次

加强古镇传统空间形态的整体性、突出具有历史意义的视觉走廊、营造并完善展示传播环境、提出相应的保护措施。

3．微观层次

针对具体保护对象提出有关保护、整治措施。

（七）规划期限

近期：2009～2015年

远期：2015～2020年

第二章　保护框架与保护层次

（一）历史文化价值评价

1．黄氏族居、历史悠久

公元880年前，黄氏先人即择居于此，他们继承了新安黄氏始祖新安太守黄积的遗风，崇文尚武。明代，上门村出了武进士，下门村出了文进士。到了近代，黄村小学闻名徽州。1914年，黄炎培先生视察黄村小学，给予了高度评价，黄村小学为国家培育出了不少可以继续深造的人才，至今，古学堂里读书声朗朗。

2．格局完整、形态独特

黄村的村落形态充分反映了徽州传统的人居环境理念，是堪舆学理论实践的典型范例，为徽州现存古村落所罕见。上、下门呈葫芦形，中间的关帝庙为葫芦腰，既是上门村的下水口，又是下门村的上水口。上门村建筑坐北朝南，下门村建筑坐南朝北，使"倒水葫芦"形状的村庄呈封闭形态，起到了"藏风聚气"的作用。

上门村之来龙山承齐云山之脉为靠山。村前之半月塘承沿山而下，四条水流，是为"三猪拱槽，四水归堂"。

3．珍奇风貌、交流使者

黄村现存进士第、中宪第、黄村小学等历史建筑，进士第是省文物保护单位，中宪第目前是"中美文化合作所"的重要交流平台，月塘、川贤里、古商道等历史环境承载记录着村庄的历史。

4．崇尚教育、典型例证

黄村小学（黄氏小学）创办于1916年，学校位于上门入村水口西北侧，依山临路。学校奉行人民教育家陶行知"知行合一"的教育思想，开休宁现代小学教育先河。朱自煊、黄兰、金家骐、朱典智、胡浩等知名人士均在此上学求知。著名教育家黄炎培先生曾亲临视察，留下"知君所学随年进，许我重游到皖南"的赞叹。1948年时任教育部长朱家骅赠金匾一幅，上书"桃李争辉"。

（二）保护内容

1．自然环境（自然生态空间）

山环境：石壁山、来龙山、门庭山、莲花坦、青龙山、高冲岩、白虎山和罗汉山等组成黄村风水环境的全部山体与其生态景观界面。

水环境：水源、"水口（传统文化景观设施）"、供水及水利设施。

2．人文环境（人文生态空间）

建筑：进士第、中宪第等官第、古民居、古代生产建筑、教育建筑。

街巷与开放空间：

古树名木：上门黄连木一棵，下门女贞、小叶栎各一棵，枫香二棵，象鼻苦槠两棵及莲花坦以小叶栎、枫香为主的水口林。

古井：六处，古桥：四处。

3．经济环境（经济生态空间）

传统农林种植地。

（三）保护框架结构组成

点：村庄出入口、上门、下门水口、进士第门前坦、上门厅前和月塘。

线：各级保护保护街巷。

面：上门村、下门村建筑整体空间形态。

（四）保护层次的划定

根据《历史文化名城名镇名村保护条例》依据历史文化名村保护要素分布和传统风貌完整性，将历史文化名村分为保护区、建筑控制区和环境协调区三个保护层次，并对文物建筑依法划定建设控制地带。

（五）保护区范围及保护措施

1．保护区范围界定

北包括上门村，西至门庭山、莲花坦山脚一线，南到象鼻自然村，东至下黄村村口，总面积约9.9公顷。

2．保护区保护措施

（1）保护整体格局形态及其相互依存的自然环境。

（2）按文物保护要求严格历史建筑保护，加强维修、维护，确保历史建筑的原状、原态和原貌不被改变。

（3）保护古街巷空间特征及景观环境，清理非协调性的街巷设施小品，包括线杆、天线、广告牌、标示牌等。

（4）人工水系、自然水体和古树、古井、古桥和反映村民传统生产生活环境的菜园、庭院应当维护保留，已经破坏的应清理恢复。

（5）保护文物和历史建筑的庭院、花园，严禁增加新建筑。

（6）整治建筑色彩应按"黑、白、灰"进行统一控制，建筑平面格局、装饰、形式风格应采用传统民居的形式，建筑门、窗、墙体、屋顶、墙线及其他细部必须按本地传统工艺做法，保持传统建筑风貌和空间组合方式。整治建筑的功能主要应为居住建筑，严格限制商业、娱乐休闲等建筑。

（7）改善或拆除不符合风貌要求的建筑，严格限制新建建筑；当为空间风貌完整性需要修复或改建的建（构）筑必须依据真实、可靠的历史记录，并应与整体环境取得和谐统一。

（六）建设控制区、环境协调区范围

1．建设控制区范围界定

黄村周边山体所围合的全部可建设的区域，包括北至上门以南及两侧农林种植地，西至莲花坦、青龙山所夹山谷，南至象鼻南侧的种植地，东至下门的农民新村，总面积约41公顷。

2．环境协调区范围界定

为石壁山、来龙山、门庭山、莲花坦、青龙山、高冲岩、白虎山和罗汉山以及组成黄村风水环境的全部山体山脊可视范围，总面积约114公顷。

（七）建设控制区与环境协调区控制要求

1. 土地控制

严格保存古村落原有的肌理，严格限定拆迁范围，严格建筑高度、风格、建筑色彩、建筑密度、容积率等控制指标，严格控制改造速度。

明确建设控制区保护、整治、更新的区域和范围，明确具体实施的政策和措施。

二区范围内的耕地、菜地、山场、水系要从严保护，杜绝随意改变使用性质，建设用地一切应以有利于保护和发展为基础。

二区范围应保持传统种植地（菜园、农田等）、河流和自然山水景观等与古村落密切相关的自然生态环境。

环境协调区范围为划分为限建区和禁建区进行用地控制，科学、有效管理村庄建设活动。

2. 人口容量

按增强古村落的活力、保持社区的稳定的要求，进行人口容量调控，保持古村发展必需的人口容量。通过分析黄村人口增长规律和环境容量，确定黄村人口应维持并控制在600～700人之间。

3. 建筑控制

已有建筑、规划保留的建筑应在风貌上与古村落协调，不协调部分应进行整修改造，严重影响古村落传统空间风貌及形态格局的建筑实施拆除。

规划新、改建建筑，根据保护规划确定的空间风貌要求，管制建筑高度、体型体量、色彩、形式、比例等，建筑外观、体量、体型、色彩、高度应与古村协调。

平面布局：以传统居住建筑功能和平面格局为主要特征。

空间组合：街、巷、院落结合的组织形式，成组团聚落布局，以菜地和绿化开放空间分隔群落，形成聚落整体与保护区有机协调的风貌。

建筑高度：控制二层，严格限制三层，杜绝四层及四层以上建筑。

建筑密度：在满足现代人居环境要求的前提下，局部聚落地块可控制一个较高的建筑密度，但最高不大于50%，且必须满足安全消防和良好卫生环境的要求。

建筑色彩："黑、白、灰"。

4. 山体控制

黄村周边的山场是古村落自然环境的有机组成部分，应退耕还林、恢复天然绿化环境，保护生态植被，防止水土流失，重现良好的生态和绿化环境。

5. 景观控制

在古村落的主要空间通视廊，不得新建构筑物，在此范围内已有的建筑和建筑群，影响严重的必须拆除，影响较小的应改造、整修，避免高度、色彩、形态、比例等与传统空间景观不协调。

（八）各级文物保护单位保护层次与措施

1. 文物保护单位保护范围与建筑控制地带

文物建筑为黄村列入各级文物的各类建构筑及其完整院落的范围，保护范围向外延伸50米为建设控制地带。

文物保护严格按照《中华人民共和国文物保护法》、《中华人民共和国文物保护法实施条例》等法律法规进行保护。

2．重要历史建筑保护

3．建筑院落保护

（九）文物建筑与重要历史建筑保护导则

1．尽可能减少对建筑的干预，保存建筑本体的真实性及其环境的完整性。

2．保护周边历史环境和景观，避免为突出某一历史建筑而随意改变现有空间格局。

3．保持历史建筑的整体性，防止可能出现的建设性破坏。

4．实行重要历史建筑注册登机制度，定期对建筑状况进行检查、记录和维修。

5．对文物建筑和历史建筑进行测绘，作为保护和维修工作的基本依据。

6．历史建筑的修缮活动应根据保护与整治规划在专家指导下由专业施工机构进行。

7．相关建设活动应以建筑维修及内部改造为主，并需要得到规划建设管理部门的审批。

第三章　建筑保护与整治方式

（一）建筑分类

1．保护类

（1）文物建筑：已经列级公布建筑物和构筑物以及本次规划调研评估认为具有较高历史、艺术和科学价值，需要重点保护的建筑物和构筑物。

（2）历史建筑：有一定历史、艺术和科学价值，反映地方特色的建筑物和构筑物。

2．非保护类（需整治建筑）

（1）协调的一般建构筑物：体量、形式、高度、色彩等与村庄风貌协调建筑物和构筑物。

（2）不协调的一般建构筑物：影响村庄风貌的建筑物和构筑物。

（二）建筑保护方式

1．建筑保护方式

（1）各级文物保护单位及环境——修缮；

（2）保护建筑及环境——修缮；

（3）历史建筑及环境——维修、改善。

2．文物建筑保护要求

（1）应避免对保护对象的干预，保存建筑本体的真实性及其环境的完整性。

（2）保护周边历史环境和景观，避免为突出某一历史建筑而随意改变现有空间格局。

（3）保持整体性，防止可能出现的建设性破坏，严禁一切危及文物保护单位的活动。

（4）列为文物的古民居大部分应维持其居住功能，鼓励按规划有条件地开设徽式乡村客栈、家庭旅馆，保持古村落生活活力。

3．历史建筑与传统民居保护

（1）按照传统工艺方法与形式风貌要求对破旧的传统民居进行维修，改造或拆除与传统风貌不符的加建部分，对民居残破或缺失部分的修补必须与建筑整体相协调，保持历史形态的延续性和完整性。

（2）遗产核心区内传统民居的改善与改建应保持传统形式和尺度，对严重破坏整体传统风貌的一般建筑应予以拆除，在保证历史风貌完整性的前提下，适当开辟开放空间，为公共活动和展示观览活动的开展提供便利条件。

（3）对历史建筑和传统民居的保护措施是改善，即对历史建筑所进行的不改变外观特征，调整、完善内部布局及设施的建设活动以适应现代生活需求的一种保护措施。

（4）规划选定一定的区域，应在保持原貌和传统院落空间环境特征条件下，按现代居住要求对其中的历史建筑和传统民居进行内部改造，改善、改造一批具有徽文化风韵的家庭旅馆，使村落传统生活环境永葆活力。

（三）建筑整治方式

一般建（构）筑物的整治方式分为保留、整修、改造和拆除四种方式，此类建筑整治总体要求建筑高度控制在二层高度为主，严格限制三层高度建筑。允许采用新结构，现代施工工艺，但建筑体量、风格、比例、尺度等要求发布与整体风貌协调。外墙色彩按"黑、白、灰"控制，禁止使用瓷砖、马赛克、彩色石子等现代外装饰材料。

1．保留：现状建筑质量较好，建筑风貌与古村落整体环境较为协调，对历史环境完整性破坏不大的非传统建筑予以保留。

2．整修：现状质量尚好，但风貌与古村落整体风貌不协调，因历史原因难以立即拆除的非传统建筑，对建筑外观进行整治改造，降低对历史环境的破坏程度。

3．改造、拆除：对传统风貌破坏较大的建筑、建筑质量较差和临时搭建的建筑，规划应予以拆除。对有保留价值但建筑高度和风貌与传统形式冲突较大的建筑可以采取降层、改坡屋顶等，以取得整体协调。

（四）建筑保护与整治导则

1．类型构成

祠堂（宗祠、支祠和家祠）建筑，民居（商贾、官宦、平民）建筑，书院建筑，牌坊建筑和园林建筑等。

2．建筑限定

（1）平面限定——以内天井为核心，依地势自由组合布局。

（2）立面限定——以实墙面、白粉墙、马头山墙为主，配以小型窗、砖门罩。

（3）屋顶限定——小青瓦，单坡、双坡和倒四坡（四水归堂）屋面（1∶2）。

（4）层数限定——以二层为主，严格限制三层。

（5）结构形式限定——抬梁式和穿斗式木构架（针对保护类建筑）。

（6）门窗限定——门窗框以青砖、石材，木质本色门窗。

（7）外墙面限定——石灰粉墙面，不得有意识做旧处理，不得以现代材料粉刷。

（8）建筑材料限定——木材、青瓦、本地石材、青砖。

（9）铺地限定——本地石材、青砖、三合土。

3．建筑保护措施

（1）日常保养——是及时化解外力侵害可能造成损伤的预防性措施，主要是对有隐患的部分实行连续监测、记录存档，并按照有关的规范实施保养工程。

（2）防护加固——是损伤而采取的加固措施。所有的措施都不得对原有实物造成损伤，并尽可能保持原有的环境特征。新增加的构筑物应朴素使用，尽量淡化外观。保护性建筑兼作陈列馆、博物馆的，应首先满足保护功能的要求。

（3）现状修整——是在不扰动现有结构，不增添新构件，基本保持现状的前提下进行的一般性工程措施。主要工程有：归整歪闪、坍塌、错乱的构件，修补少量残损的部分，清除无价值的近代添加物等。修整中清除和补配的部分应保留详细的记录。

（4）重点修复——是保护工程中对原物干预最多的重大工程措施，主要工程有恢复结构的稳定状态、增加必要的加固结构、修补损坏的构件、添配缺失的部分等。要慎重使用全部解体修复的方法，经过解体后修复的结构，应当全面消除隐患，保证较长时期不再修缮。修复工程应当尽量多保存各个时期有价值的痕迹，恢复的部分应以现存实物为依据。附属的文物在有可能遭受损伤的情况下才允许拆卸，并在修复后按原状归安。经核准易地保护的工程也属此类。

（5）环境治理——是防止外力损伤，展示文物原状，保障合理利用的综合措施。治理的主要工作有：清除可能引起灾害和有损景观的建筑杂物，制止可能影响文物古迹安全的生产及社会活动，防止环境污染造成文物的损伤，营造为公众服务及保障安全的设施和绿化。服务性建筑应远离文物主体，展陈、游览设施应统一设计安置。绿化应尽可能恢复历史状态，避免出现现代园林手法，并防止因绿化而损害文物。

4．一般建（构）物的控制

（1）改善——是对历史建筑所进行的不改变外观特征，调整、完善内部布局及设施的建设活动。指虽受到一定的损坏，但建筑格局和外貌保持了传统特征的建筑。此类建筑应认真维护修复，修复时可在保持建筑外貌和典型特征前提下，内部按照现代居住要求进行改善。

应在保持原有外貌和传统院落空间组合特征条件下，按现代居住要求进行内部改造。如徽式客栈、旅馆，应在一些选定地点的民居进行改建修缮，作为具有徽文化风格的家庭旅馆。

（2）整修——对与历史风貌有冲突的建（构）筑物和环境因素进行的改建活动。指西递、宏村近年建设的，虽在材料、尺度上与传统风貌不相适应，但要视需要对外貌、色彩适当进行立面调整。

（3）拆除——指近年建设的一些与西递、宏村整体风貌不符合、严重影响景观视觉效果的建筑。

（4）社区和展陈及其他地区必须增加的建筑（构）物。

注意新旧建筑在整体环境中的相互协调；保持符合功能和美学要求的建筑平面传统特征，如天井等；保持徽州民居体量小的特点，并注意庭院空间的处理；建筑物高度一律控制在两层以下；对街巷、阁楼等空间合理充分的利用；允许采用新结构，但风格、比例、尺度、施工方法，则要求是传统的；外墙色彩应为石灰白色粉墙，禁止使用瓷砖、马赛克、彩色石子等现代建材；采用传统的马头墙、小青瓦、坡屋面、石础、砖砌；应合理使用门罩、窗眉、砖石漏窗或用彩墨画。

5. 民居的保护和改善

现有的民居根据保护类别采取不同的保护要求和措施，一类重点保护建筑要严格进行保护，迁出居民；二、三类保护建筑要适当增加厨卫设施，改善住宅的通风卫生采光条件，满足居民日益提高的现代生活的需求。

对于沿街的商业进行严格的审查，开敞式门窗必须按传统店面、门窗形式进行改造，严格限制比例尺度，保持传统风貌得到延续。

从严控制审批新的宅基地，充分利用原民居进行有条件的改造，或利用村内古建筑废址、空闲地、菜地、自留地有条件地建设。新建住宅须采用传统的风格、体量、施工方法，甚至原有的墙基，原有砖石材料、门窗、砖、木雕尽量加以应用。

6. 改造新建建筑控制要求

总体要求建筑高度控制二层高度为主，严格限制三层高度建筑。允许采用新结构，现代施工工艺，但建筑体量、风格、比例、尺度等要求发布与整体风貌协调。外墙色彩按"黑、白、灰"控制，禁止使用瓷砖、马赛克、彩色石子等现代外装饰材料。

第四章　空间环境景观保护与整治

（一）景观格局与形态

1. 保护内容

（1）黄村的空间景观格局为典型的具有传统人文精神的"倒葫芦"形态及其构成上门、下门村、水口的自然边界。

（2）黄村村庄自然环境和人文环境有机结合，村庄与地形、地貌、自然山水紧密结合形的和谐统一的乡村景观环境。自然生态环境是古村落形成之源，发展延续之基。

2. 保护措施

（1）整体地保护各类历史文化名村构成要素以及这些实物间的空间关系和历史文化信息，维护乡村聚落特征。

（2）严格控制街巷建筑的立面形式、色彩、饰面材料与门窗、屋顶等，维护好通视廊和亲切自然的天际线。

（3）黄村古村落周围的山体选择合适树种，广植树木，加强绿化，维持乡村风貌环境。

（4）通过环境整治和改善，审慎地逐步恢复传统景观"黄村八景"（松林巢鹤、临田伏龟、大塘涵辟、石岭开钟、东山吐月、远嶂蟠龙、集贤堂和南冈揭斗）。

（二）街巷、水系与院落保护与整治

1. 保护性措施

保护街巷肌理——保持街巷与水系结合结构形态和街巷空间的尺度的变化、开合及走向等。

保持空间尺度——除特别规定外现有传统街巷和便道均保持现状宽度，保持徽州民居体量小的特点，并注意庭院空间的处理。

保持空间构成——道路两侧院墙、绿化维持现状。原有地形、石阶、古井、古树尽可能保留使用；如需修复颓塌的院墙，则仍采用传统块石砌法。

沿街立面整饬——采用传统的马头墙等做法，小青瓦、坡屋面、石础、墙体以木、块石、青砖为主要材料，建筑以两层为主，坡屋顶形式。

路面维护修复——传统街巷铺地应采用传统块石铺砌，新修道路亦采用麻石结合环境采用不同的铺砌方式铺砌以求协调，避免冲突。

街巷设施——主要道路每隔20～30米设置传统形式路灯一盏，路口增设一盏；街巷设有完整的垃圾收集系统，注意与环境的协调及与文化的融合；将沿街磁卡电话亭的塑料外壳去掉，改成木质外观，减少视觉冲突。

2．禁止性措施

禁止在一切可视范围张贴商业广告，所有架空线路一律埋地。

禁止附加遮雨篷等物件，以免破坏街巷景观。

街巷上禁止随处晾晒衣物，以免破坏街巷景观。

3．水系的保护

整治、清淤黄村水系，保持水质洁净，并及时清除水中异状漂浮物。恢复临水而居的亲水性，恢复"小桥、流水、人家"的意境。

4．街巷空间分类保护与整治

（1）风貌分类

①一类风貌街巷——街巷空间形态完整，路面维护完好的传统生活环境街巷。

②二类风貌街巷——街巷空间风貌基本完整，路面基本完好的一般街巷。

③三类风貌街巷——街巷空间为现代风貌或风貌不完整，路面为砂石土路或水泥沥青路。

（2）整治措施

①一类风貌街巷应维护好平面空间肌理形态，不得随意拓宽、改道、取直历史街巷，不得改变沿街建筑的边界和建筑高度，维护、维修历史街巷传统铺形式，统一协调建筑墙面、院墙、石阶、门与门罩、石凳、水圳、路灯及绿地开放空间等。

②二、三类风貌街巷应恢复传统空间特征，修复传统路面形式。

5．院落空间分类保护与整治

（1）院落空间分类

①庭院——硬质铺地为主，以花池、花台、花木盆景、景墙漏窗、水池等构成。

②菜园——以种菜为主，简易园墙（低矮围墙、篱笆等）围护。

③空地——闲置地。

（2）院落空间环境保护整治方式

传统庭院——维护。重点保护，不得作其他用途。

传统菜园——保留。

结合古建筑利用，将部分菜园地恢复成庭院园林和花园，空闲地应研究其与古建筑的关系，适当恢复庭院园林和花园，或以乡村绿化方式整治。

（三）生态环境保护

1．目标与策略

（1）生态与环境规划的目的是通过调控人与环境的关系，实现生态系统的动态平衡，创造舒适、优美、清洁、安全和高效的生活和生产环境。保护生态环境的基本要则是保持生态平衡。

（2）保护古村落内外及周边山水、植被和水系的自然形态，保护周边自然生态环境动植物的生物多样性；严格保护生态植被，禁止一切不合理砍伐活动。

（3）村落建设应按照规划要求，结合自然地形有序布局，保持用地自然坡向，不得以平整山地的方式改变地形地貌。

（4）村落所有建筑均采用生态型卫生设施，节约水源，减少污水排放量。生态型卫生设施建设要求：生活污水和其他有机垃圾应采用接近自然的、低能耗的堆肥处理方法进行处理，使生活污水中的营养物质能安全地予以回收利用，并形成闭合循环系统。

2．环境控制标准

（1）空气质量达GB 3095—1996一级标准。

（2）噪声质量达到GB 3096—1993一类标准。

（3）地面水环境质量达到GB 3838的规定。

（4）污水排放达到GB8978的要求规定。

3．控制措施

（1）严格控制新污染源的产生，建立村落污染治理体系。

（2）控制村内餐饮业的发展规模，建立垃圾分类回收系统，设置垃圾回收站，转运至镇垃圾处理站。

（3）建设免水冲生态公共厕所，建设标准达到二级以上。

（4）建立污水处理系统。旅游餐饮业应集中新区发展，按总体规划布局污水处理站，处理生活污水。污水处理需达标排放。

（四）环境设施控制导则

1．环境小品内容

①历史环境设施和小品包括：遗散的古建构件，古桥、古井，街巷铺地，院墙漏窗，树木，花池花台，以及家具、农业生产工具等。

②非历史环境设施小品：垃圾箱、垃圾池、指示牌、导游牌、路灯、坐凳等，应合理设置，控制形式，避免对遗产风貌的破坏。

2．小品设计原则

体现徽文化特征和地域特征；材料以砖、木、石材为主；风格自然、朴实、细腻；点景但不喧宾夺主；不破坏历史风貌的完整性。

3．主要控制措施

（1）招牌、幌子

目前招牌的样式多种多样，在材料上运用了玻璃、塑料、铝合金、灯箱等，过于现代化，不符合古朴的建筑风格，应改为传统的木质或石质的招牌，并统一样式。店招幌子的设计也不能统一成一样的，可以由自行设计，经管理机构审核。

（2）街巷照明灯具

去除现有的路灯，悬挂经过统一设计制作的传统环境协调的灯具，作为夜间照明系统。

（3）交通景观整治

严格西递保护区范围作为步行街区，禁止机动车，控制自行车、三轮车、摩托车行驶。

街巷的铭牌、门牌应统一设计制作，表现徽文化特色，可采用砖雕（铭牌）、木雕（门牌）等形式。

文物、保护建筑按要求配解说牌，解说牌不宜太大，采用木质或石质，使用中、英文两种语言。其中村庄入口处解说牌可以较大，系统介绍村庄历史概况及徽文化等。

村内街巷与外围道路连接处设立交通警示牌，在人口密集区设立指示牌及其对主要景点的方位进行指示。

第五章　非物质文化遗产保护

保护内容与措施

1．保护内容

宗族文化、风水文化、节庆习俗、对联、建筑装饰艺术、三雕技艺、地方方言、土特产、地方小吃等徽文化系列。

2．保护利用方式及措施

（1）加大非物质文化遗产保护的投资力度，深入挖掘非物质文化遗产内涵，建立非物质文化遗产展示平台，健全展示体系。

（2）重视对原住民的保护。

（3）延续和传承乡风民俗文化特色。

（4）合理开发利用文态环境。

利用现存进士等组织宗族祭祀等活动表演；对黄氏家族的谱系、源流，特别是外迁它地的支脉，整理展示；编印宗谱、家谱简本出版，宣传宗族文化；对黄村的教育及其历程整理展示，使村落文化景观成为最具认知力的景观。

第六章　社会生活规划

（一）人口与环境容量

根据遗产地土地、水资源和空间环境条件，满足遗产地生活延续性、可持续传承的要求，按照合理疏解、控制总量的原则，结合相关规划规定，通过分析研究，确定人口规模为600～700人。

（二）公共服务设施规划

（1）按中心村公共服务设施配套标准，配套医疗保健、老年人活动和托幼设施，完善其他公共服务配套设施。

（2）注重公共服务设施与自然环境、历史遗存的结合，塑造村庄中心景观。

（3）汲取中宪第"中美文化合作所"等成功经验，对部分历史建筑进行必要的室内设施改造，有限度地利用开展农家乐、乡村客栈和文化休闲等服务。

（4）建设固定的文化活动场所，丰富遗产地群众文化生活。

（5）从稳定社区健康发展的角度出发，在非传统空间形态区域，进行适当的新、改、扩建，以改善和提高居民的居住条件，同时也能保持与传统空间形态的协调统一。

（6）在保护遗产物质环境完整的前提下，有选择地选择古民居改造为体验传统生活为主要内容的乡村客栈或家庭旅馆区。

第七章　土地利用规划

（一）用地调整目标

1．保护区以保护为根本，以合理调整为手段。

以保护为前提，保护传统空间形态格局，街巷尺度、历史建筑等遗产构成要素，延续历史文化环境。遏制纯商业营利性的建设行为，包括在保护区内恢复、重建、改建以商业盈利为主要目的的建设项目。适合在保护区内的基本功能要求包括：社区管理及服务设施、小学托幼、老年人活动室、基层商店、文化展示设施和市政公用设施等。

2．建设控制区、环境协调区以积极控制为基础，协调发展为核心。

（二）用地调整规模

规划对建设用地进行严格控制调整，将村落建设用地控制在5.7公顷以内。人均建设用地指标控制在80.0m²/人以内。

（三）用地调整布局

1．用地发展方向

保护古村空间格局形态，维护与古村相互依存的田园山水环境，保护古村现有的天际线和景观，按不占良田或少占农田的原则，确定用地向上黄村北侧山坡地以及下黄村东、西侧发展。

2．布局结构

总体格局可概括为"一环、两片、一脉、四心"的空间结构。

"一环"：自村口开辟一条沿山步道与现二村落之间的道路一起形成环路，将山、水、村联成一有机整体。

"两片"：上门、下门二个村落组团，新区依托下门东西两翼有机增长。

"一脉"：联系上、下门的道路和水系自北向南将山体、水体和村庄有机一体。

"四心"：上门月塘、下门进士第二个绿化休闲广场，关帝庙居民商业服务中心和村口旅游服务中心。

第八章 建设控制规划

（一）建设控制内容与方式

建设控制指标的划定是为了保证遗产核心区传统景观风貌的真实、完整。建设控制指标内容主要涉及用地性质、建筑功能、建筑高度、建筑密度、容积率、建筑形式（平面格局、空间组合等）、建筑色彩和绿地率等。

环境控制指标的划定是为了确保周边环境的统一和协调，包括街巷、院墙、台阶、河埠等设施。

（二）建设控制指标

建设控制指标的划定是为了保证保护区传统景观风貌的真实、完整。建设控制指标内容主要涉及用地性质、建筑功能。建筑高度、建筑密度、容积率、建筑形式（平面格局、空间组合）等、建筑色彩和绿地率等。

环境控制指标的划定是为了确保周边环境的统一和协调，包括街巷、院墙、台阶、河埠等设施。

（三）用地协调与控制方式

1．用地协调

为完整、真实地保护古村落遗产，必须将不适合在保护区内的功能和不利于保护的建设发展内容另择新址建设。否则，在有限的保区界内，无法安置大量的社区服务设施、旅游接待设施、商业文化设施、生产设施等。

建设新区是为了更好地保护历史文化区，有利于缓解保护区压力，有利于历史文化的展示，有利于改善村民的生活条件，有利于在保护的前提下，发展旅游经济。

"新区—保护区"关系应是整体的关系、是互补的关系、是保护和发展的关系，新区建设是为了保护遗产、传承遗产、发扬遗产文化。

2．保护区土地使用功能控制

（1）指定类

①社区管理设施（村民委员会）。

②社区教育设施（小学、托幼）。

③社区文化、体育设施（图书室、老年活动室、青少年活动室、篮排羽球类活动场地）。

④基层商业设施（基层商店）。

⑤市政公用设施（公共厕所、市政管理用房）。

（2）指导类

①博览展陈设施（文化类、民俗类博物馆、陈列馆）。

②科研文化设施（遗产研究、文化研究、艺术创作机构）。

③民俗体验设施（家庭旅馆、民俗体验中心）。

（3）限制类

①餐饮设施（团队餐厅、西餐、快餐）。

②购物设施（超市、文物商店、专业商店、旅游购物商店）。

③娱乐设施（演艺广场、酒吧、茶楼）。

④酒店设施（青年旅舍、酒店）。

⑤艺术创作（艺术创作工作室）。

（四）建设高度控制（含通视廊的控制）

1．高度控制

建筑高度控制方式——坡屋顶以檐口和屋脊双值控制，二层高度为檐口6米、屋脊9米；三层高度为檐口9米、屋脊12米。

指定类

①游客接待中心（导游、解说、图片、模型、音像、旅游投诉）。

②旅游集散中心（停车、换乘、旅游信息、航空票务、联运）。

③其他设施（公共厕所、配套小超市、银行储蓄所、入口处彩扩店、团队餐厅、大客栈等）。

指导类

①娱乐业（民俗演绎广场、夜总会、酒吧、咖啡吧、茶坊）。

②餐饮业（中餐、西餐、快餐、特色餐饮）。

③保健业（休闲浴场、浴足、按摩）。

④旅馆业（青年旅舍、酒店、客栈）。

⑤小吃（地方名点）。

⑥酒店业（特色经济型酒店、青年旅社）。

⑦精品店（工艺品、食品）。

平屋顶以屋面最高点计值。

整体建筑高度控制——遗产核心区内保持传统统建筑原有高度，建设控制地带内建筑高度以二层高度为主，少量一、三层，以增加空间变化。

2．风貌控制

控制保持明清至民国时期的地方传统居住街区的环境景观，保护区内新建、改造建筑均应采用"庭院式"或"院落式"的格局及空间组合方式。

3．景观视廊控制

严格控制景观视廊、视域内的建筑高度和建筑密度和布局形态，保持开放性和连续性。

（五）建设控制通则

第九章　道路交通规划

（一）规划策略

1．在保证遗产核心区不受机动车交通的干扰前提下，通过外围道路的调整完善实现"可达、安全、方便"的要求。

2．在传承古村落街巷肌理的前提下，完善村内街巷系统，形成街巷网络，有利于消防疏散、旅游线路组织和管网敷设。

3．环境协调区范围内均使用清洁能源的交通工具，限制高排量的交通车辆进入保护区范围。

（二）对外交通

外围道路系统应结合停车场设置，解决可达性要求，最大限度减少对古村落周边环境的破坏和影响，特别是对古村落的环境安宁和景观的影响。古村落外围道路系统和村内街巷系统应该是明确的车行系统和步行系统。

进村公路红线宽9米、车行道7米，黑色沥青路面，连接入口到停车场的黄村旅游公路用柏油路铺设。

（三）内部交通

街巷系统构成了古村落传统肌理，属于保护对象，需要保护和整治。包括街巷的空间肌理形态、街巷的宽度与尺度变化、街巷的界面、两侧的建筑高度、街巷对景、街巷铺地的材料和铺地方式等，对上述遭到损坏的部分应该进行适当的恢复、维修和整治。

结合交通转换中心设游客集散停车场和原住村民社会车辆停车场，结合外围道路与街巷的连接点设小型临时停车场地，兼作紧急情况下消防车辆的回车场。

规划道路系统分为三级：即村庄主路为4米，宅前路3米。

传统街巷应保持原有尺度和风貌。

（四）静态交通

村口结合游客服务中心处设置一处1000平方米停车场一处。

第十章　公用工程设施规划

（一）规划策略

1．原则要求

（1）坚持"保护为主，抢救第一，合理利用，科学管理"方针，区域统筹共建共享各类基础设施建设，避免对遗产的干扰和破坏。

（2）保护区内工程管线应尽量避开主要景观和游览空间，原则上地下敷设；特殊情况时，架空线路不得破损墙体，特别不能损坏保护建筑外立面砖雕、石雕。

（3）狭窄街巷导致管线间、管线与建（构）筑物间净距不能满足常规要求时，应采取工程处理措施以满足管线的安全、检修等条件。

2．一般规定

（1）工程管线应地下敷设。

（2）街巷内小型基础设施应采用户内式或适当隐蔽，其外观和色彩应与所在街区的历史风貌相协调。

（3）当工程管线布设受到空间限制时，应采取共同沟、增加管线强度、加强管线保护等措施，并对所采取的措施进行技术论证后确定管线净距。

（4）工程管线在街巷内建筑线向外方向平行布置的次序，应根据工程管线的性质和埋设深度确定，其布置次序宜为：电力、电信、污水排水、给水。

（二）给水消防工程规划

1．用水量为200m³/d。

2．水源选择

规划建设选址一个小二型水库，通过沉淀过滤处理，再接入新建的蓄水池，作为引用水源。

3．给水系统

近期内，黄村建设高位水池输水干管工程，并建设形成村庄内部枝状给水管网。

给水管道分为三个等级，给水主管网为DN150mm–DN100mm，给水支管为DN75mm，入户管为DN25mm，管道最小覆土深度为0.7米。

消防给水采用低压制消防系统，水量由给水主管网供给，消防栓采用地上式按120米间距设置。

（三）排水工程规划

粪便污水：新建住户排放到室外三格式化粪池，原有农宅则自行收集，作为种植生产肥料。

远期在条件许可情况下，生活污水采用地埋式无动力污水处理装置，设置小型污水处理设施，统一净化处理。厕所规划均采用三格式构造，厕所污物经自身生物处理后，定期清空，残渣以肥料形式应用于农业。

（四）电力与通信工程规划

1．电力负荷预测

（1）村内用电负荷为260kW。

（2）电力线路

从村南部10kV电缆接入配电房，再以380V架空线引出供全村使用。规划保留现有10/0.4kV变压器位置、容量不变。规划10KV和380/220V配电线路采用三相四线制直埋电缆，沿街巷或绿化带暗敷至用户，布置在道路的东侧或南侧，在车行道下覆土深度不小于0.7米，穿越道路时应穿钢管保护。

（3）路灯照明

村内主路、主要街巷和主要公共场所均按照50米间距设置路灯。控制方式采用手控、光控。

2．电信

电话容量预测为217门。

规划设1个电话电缆交接箱，容量为217门。

电信线路采用光缆传输和接线箱的方式，交接箱根据建筑物和用户要求设置，线路和交接箱的位置与走向应与村落的环境相协调，不得影响景观。电信电缆全部埋地。

规划期末实现有线电视、广播通达率100%。有线电视、广播线路采用与线路放大器直至用户终端电讯电缆同沟直埋方式穿PVC管暗敷，CATV电缆分别通过分配器、分支器。

（五）环境卫生设施规划

1．规划原则

环境卫生设施主要包括垃圾箱、垃圾池、垃圾转运站、公共厕所、管理房等。上述设施应结合古村落的特色，采取乡土材料，与环境风貌保持协调。

2．规划措施

（1）下黄村村内分别新建水冲式生态公厕1座；按不大于70米服务半径布置垃圾箱，并设定人定时收集；上黄村村西南、下黄村村东南分别设垃圾收集点1个，面积100平方米；垃圾处理设施纳入商山乡统一规划。

（2）引导住宅内部卫生设施改造修建水冲式卫生间，生活污水与粪便污水分流，配套建设"三格式化粪池"、坚决取消旱厕，规划期内实现无害化卫生厕所≥80%。

（3）古水系应重点保护，保持水体清澈、流畅。

（4）利用各种有力的措施，积极维护全村落的环境卫生，强化保洁队伍，对村内环境卫生做到全天保洁。

（六）综合防灾

防灾体系包括消防、地质灾害、洪灾、雪灾、雷击、风灾等内容。其中消防是古村落防灾体系当中的重中之重。

1．消防规划

（1）消防规划原则

①从严管理，防患未然，古今结合，严防死守。

②保护第一，预防为主；因地制宜，科学布局；补救急需，远近结合；配套完善，群防群治。

（2）保护与利用传统消防手段

消防建设规划中应注重传统消防文化的保护、发掘和利用，并在新的历史时期加以展示和利用，包括以下内容：古水系（水塘）、古建筑消防单元划分、封火马头墙、石（砖）户门、天井等。

（3）近现代消防手段结合

近现代科技的进步，一些适应古村落的新的消防设备和手段将继续发挥其作用，包括如下：

消防设备——水龙车（近代小型手压型消防设备）、消防灭火器、自动喷淋、预警系统。

消防队伍——专职消防队、兼职消防队、消防站（消防车、消防龙头、消防栓、消防通道）。

社会消防——消防安全教育、宣传、法律法规建设等。

2．防洪

（1）保持上游水土和植被。

（2）保持河道疏通及时清淤，消除阻水障碍物，完善排水系统，提高排水能力。

（3）修缮沿河、溪驳岸，确保防洪安全。

3．山体滑坡

注意水土保持，避免地质灾害破坏。

4．抗风灾、雪灾、防雷击

（1）注意墙体的整体性，特别是马头墙、叠瓦部分的整体安全。

（2）注意房屋的结构安全，提高屋面的负载强度。

（3）适时增加防雷设施，减少雷击可能。

5．防生物损害

应当采取有效生物、化学等手段定期强制性、整体地防治白蚁，有效治理害虫对保护建筑的危害。

第十一章　重点地段整治

（一）整治原则

保护和延续古村落的风貌特色，保护村落的空间形态特征、平面格局等传统的肌理，继承和发扬优秀的历史传统文化。

（二）主要立面与节点整治

1．进士第和中宪第

对于进士第和中宪第，应严格保护并进行必要修缮。建筑可利用作为展览陈列馆。要按照省级文保单位的要求，划定保护区和建设控制地带。严格控制并整治周围环境。

中宪第位于进士第西北侧，建筑群宏大、完整，目前与美国合作在保护与利用方面取得一定的经验，应与进士第进行整体保护，加强维修保护，并继续探索传统徽州建筑的保护利用途径。

2．黄村小学

民国时期教育建筑，内部、外观应基本保持原貌，定期维修，恢复学农园和小学室外活动场地。

3．荫馀堂

对于荫馀堂体现出来的价值和地位，在其遗址建议可以仿建具有美国乡村特色的民居，体现中美文化交流的内涵。

4．荷花塘

进士第门前的荷花塘宜参照历史遗存记录建成长方形。

5．上门厅

在"上门厅"遗址部分恢复重建，以立面、门楼为主，向后延伸至5米，延续体现历史风貌。

6. "乡贤里"牌坊

恢复"乡贤里"牌坊。

7. 村口

在村庄入口处恢复"大券门"、"路亭"等，结合修建游客服务中心。

第十二章　展示利用与旅游发展规划

（一）展示利用目标与策略

1. 目标

以古村、古建筑和象天法地的村落环境为重点，以良好的生态景观为背景，与区域旅游资源开发相结合，深入挖掘黄村文化内涵，将黄村建设成为休宁南部集乡村文化展示交流、科考、休闲观光、体验于一体的著名生态文化展示村。

2. 策略

（1）以历史文物及古村落保护为依托，设计出别开生面的旅游项目，为生态体验、休闲养生等特色旅游项目，有别于常见的古村落建筑观光游。避免黄山市内乡村旅游的同质性，带动乡村旅游的发展。

以"进士第"为保护重点，加强黄村历史建筑和古村落风貌保护和旅游服务设施建设，促进和带动黄村乡村旅游业的发展。

（2）挖掘文化内涵，丰富文化旅游内容。

（二）展示利用内容

（1）展示独特历史文化和人文生态景观，增加民族自豪感，激发爱国主义精神，促进文化交流，促进挖掘古村内涵。

（2）了解徽州文化，增强传承民族文化的责任心。

（3）控制合理容量。

（4）进行展示功能分区布局，配套展示服务设施（餐饮、购物和接待设施）和展示交通组织规划。

（三）景点景区划分

1. 集中展示

（1）皖南的地理环境。

（2）皖南古村落的概念。

（3）皖南古村落的分布。

（4）皖南古村落的价值。

（5）黄村的历史。

2. 参与展示

（1）祭祖活动（认祖归宗、续家谱、宗祠祭祀、祭拜祖墓等）。

（2）生产活动（上梁、采茶制茶、"三雕"工艺等）。

（3）生活活动（婚嫁、丧葬、做寿、庆生等）。

（4）娱乐活动。

3．体验展示

（1）在核心保护区域内，有选择有控制地利用古民居建筑开设民俗旅馆。

（2）在核心保护区域外围，建设与遗产相呼应的、与周边自然环境相协调的休闲、度假接待设施。

（四）展示线路组织

参观展示线路可以围绕以下三大主题组织：

（1）黄村的自然环境（天人合一的宏观环境）。

（2）黄村的村落形态（聚族而居的中观环境）。

（3）黄村的建筑风貌（精巧雅致的微观环境）。

（五）展示设施与布局

1．展示服务设施布局

（1）展示服务设施包括游客中心（提供信息、咨询、游程安排、讲解、教育、休息等旅游设施和服务功能的专门场所）。

（2）设置导游全景图、导览图、标识牌、景物介绍牌等引导标识。

（3）结合卫生院设立医疗救护中心。

（4）合理分布满足需求的免水冲式生态公共厕所。

（5）垃圾箱分类设置，布局合理与环境相协调。

（6）通讯邮政设施结合出入口布局。

（7）村口建设旅游服务中心、村中利用历史建筑开设乡村客栈，利用建筑改造鼓励农民开设"农家乐"设施，结合游客中心和休息展示场所布局购物设施。

（8）管理中心结合游客中心布置。

（9）将自S220省道进村公路改造为业旅游公路，红线为9米，车行道宽7米。村中自旅游服务中心沿山开辟一条至象鼻生态休闲步道，结合旅游服务中心规划一处旅游停车场。

2．服务设施控制要求

（1）高度控制：1～2层高度；

（2）出入口布置设于缓冲区外，其他设施沿线设置。应突出建筑格调，并烘托景观及环境，设施的风格、体量、色彩、造型应与环境协调。

第十三章 实施时序与近期规划

（一）近期项目重点

1. 恢复"乡贤里"牌坊，整修路亭。

2. 恢复"关帝庙"建筑。

3. 整治村内道路，石板路面、泥结石土路和砖铺路面三种形式结合。

4. 古村视线范围内的各种管线全部地埋，或沿山边架设。

5. 按照"尊重历史，尊重原貌，适宜观赏，保持生态"的原则对上门村的"月塘"和下门村的荷花池（"日塘"）进行整治。上门村半月塘保持原修建材料、原形状；下门村荷花塘宜参照历史遗存记录建成长方形。

6. 村内的指示、导游牌、垃圾桶的设置应体现乡土化、生态化。

7. 以乡土化植物绿化村庄，杜绝城市化的绿化景观。

8. 启动农民新村建设，疏导村民迁入新村，促进古村保护。

9. 部分修复"上门厅"立面、门楼，形成月塘完整南立面界面。

（二）近期保护与建设规划

1. 近期目标

（1）在保护、完善村庄肌理特征和整体风貌格局的基础上突出地方建筑特色，对于历史建筑进行有效的保护和利用。

（2）利用历史文化资源和自然资源优势，发展以休闲观光文化交流为主要内容的（"进士门第、书声古村"）乡村文化旅游。合理组织内外展示线路，形成区域具有示范和引领作用的乡村旅游节点。

（3）完善基础设施和展示服务设施，加强环境保护，整治村庄环境。

（4）力争成功申报"全国历史文化名村"。

2. 建筑保护

（1）古民居修缮改造利用，近期对亟待修缮的19幢具有典型徽派建筑特色的古民居进行维修，在不影响主体建筑风貌的前提下内部可适当调整更新，适应现代生活需要；原址重建荫馀堂为文化交流活动中心；拆除违章建筑、修复关帝庙。

（2）古桥的保护和修缮项目。

（3）古树名木的保护。

（4）害虫防治。

3. 建筑整治

拆除7幢严重影响整体风貌的一般建筑，整治改造一批其他一般建筑。

4. 环境整治

（1）月塘、进士第、村口、水口环境整治。

（2）绿地和庭院。提高村庄的绿化覆盖率，充分利用宅前屋后的闲置用地进行绿化，近期拆除危旧建筑后的用地，原则上作为村庄的开放绿地。在努力提高村庄内部绿化水平的同时，要注重充分利用村庄附近的绿化资源，适当进行整治，使村庄的绿地系统多层次化。按照整洁、有序、绿化、美化的要求对院落进行改造整治；院内晒场结合农业生产的需要，为便于农业生产过程中堆放和晾晒粮食，可以采用水泥地进行硬化，但位于室外具有休闲活动性质以及传统开放空间必须采用地方材料进行铺砌，禁止采用色彩鲜艳、质感光亮的现代材料。

（3）围墙。整治围墙使其与村落风貌相协调。院墙、院门及菜园栅栏就体现乡村特色、简朴自然。

5．配套设施

（1）道路街巷

完善村庄内部道路系统，加强路面硬化，规范道路等级，形成主路、支路、小巷三级道路系统；对主要道路进行拓宽改造，并进行绿化种植、路灯亮化；疏通现有的支路和小巷，整治断头路，保护好传统街巷肌理和风貌。

（2）照明

沿村庄主要道路设置路灯，在公共绿地、沿河绿化带可局部设置草坪灯。

（3）环境小品

环境小品在村庄公共绿地、主要道路两侧设置，主要小品有花坛、座椅、指示牌等，形式风格应与环境协调、统一。

（4）河道整治

整治月塘，修复上村水圳，沿山生态化，景观化旱溪。通过对小溪清除淤泥杂草，对驳岸进行修整绿化。

（5）环境卫生

逐步配套完善村内基础设施和市政设施，古村内部牲畜棚迁移改建，设置生态化公共厕所一座；清除垃圾，集中收集；适当绿化，增加健身活动场所。

第十四章　规划实施建议

（一）规划实施建议

1．加强古村落保护的领导机制。建议成立县、乡、村三级古村落保护委员会，以指导、协调、监督和管理村落的保护工作。

2．建立古建筑保护档案，对经文物部门鉴定的古建筑实行分等级保护，并由县人民政府授牌，设立保护标志，实行挂牌保护。

3．按有关保护法规制定村规民约，应制定一项文物保护的普及教育计划，积极扶持民间保护组织，鼓励全体居民参与保护。

4．建立健全建设规划管理体制，村落的建设规划管理必须纳入县一级规划管理范围。村落的一切建设活动须经县、乡古村落保护委员会审核后，由县级规划行政主管部门会同文物等部门审批，保护区内的建设项目应报市级规划行政主管部门备案。

5. 进入古村落进行古建筑设计、施工的单位应严格把关，对施工人员采取必要的古建筑知识培训和修缮技术指导。

6. 对展示利用古村落的机构加强专业知识培训，提高展示利用的文化品位。

7. 理顺古村落旅游的管理体制，处理好政府、旅游经营者、居民三者之间的关系。

8. 多元化、多渠道、多形式筹措保护资金，提高保护经费在旅游收入中的比例，建立古村落保护专项基金。对保护建筑的产权所有者因经济困难而应该采取赠款、补贴、低息贷款、税收减免等措施，给予产权所有者古建筑保护方面的支持。

9. 审慎科学地对待易地保护。

第十五章　附则

1. 本规划由文本、图册及说明书文本和基础资料汇编组成。文本和图册具有同等法律地位与作用。
2. 本规划按有关规定经审批后公布实施。

2 图纸

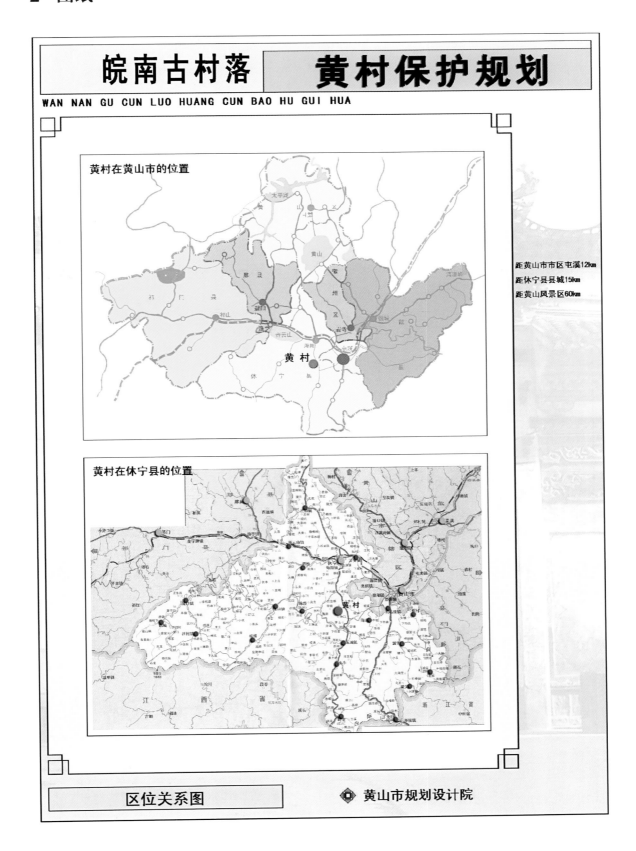

皖南古村落　黄村保护规划

WAN NAN GU CUN LUO HUANG CUN BAO HU GUI HUA

黄村在黄山市的位置

距黄山市市区屯溪12km
距休宁县县城15km
距黄山风景区60km

黄村

黄村在休宁县的位置

区位关系图　黄山市规划设计院

皖南古村落　黄村保护规划

WAN NAN GU CUN LUO HUANG CUN BAO HU GUI HUA

里村　　上黄村

下黄村

霞关

家厚

图　例

起源（宋）
发展（明、清）
鼎盛（至今）

历史变迁图　　　　　黄山市规划设计院

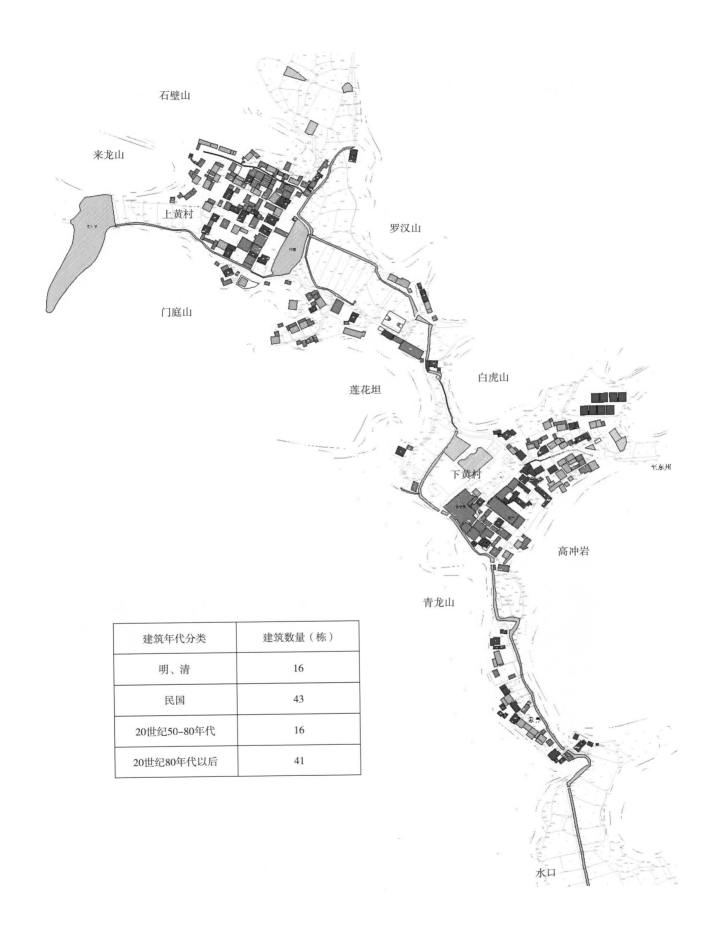

石壁山

来龙山

上黄村

罗汉山

门庭山

白虎山

莲花坦

下黄村

高冲岩

青龙山

水口

建筑年代分类	建筑数量（栋）
明、清	16
民国	43
20世纪50-80年代	16
20世纪80年代以后	41

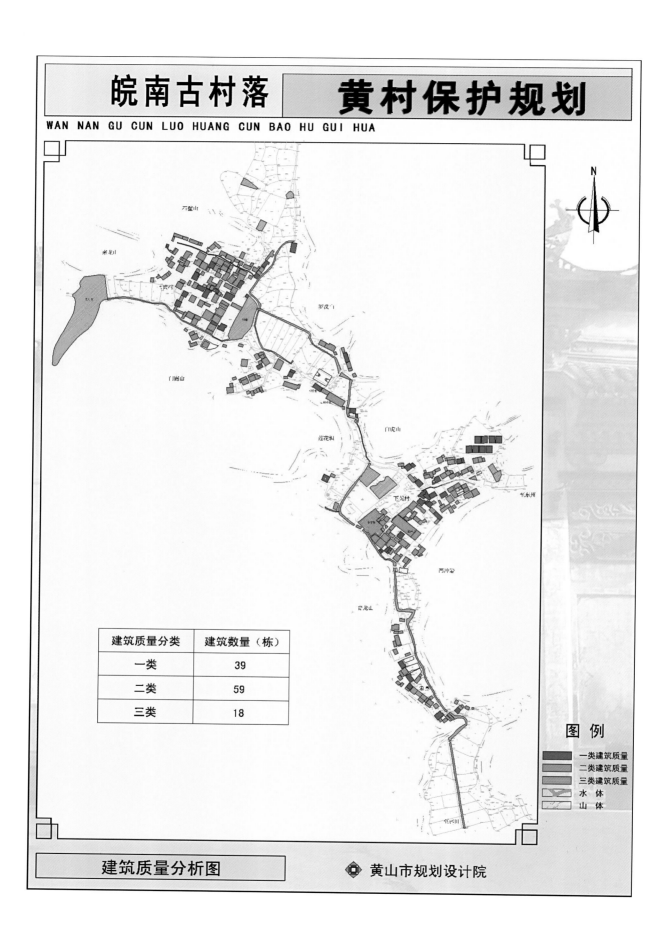

皖南古村落 黄村保护规划

WAN NAN GU CUN LUO HUANG CUN BAO HU GUI HUA

建筑质量分类	建筑数量（栋）
一类	39
二类	59
三类	18

图 例

一类建筑质量
二类建筑质量
三类建筑质量
水 体
山 体

建筑质量分析图　　黄山市规划设计院

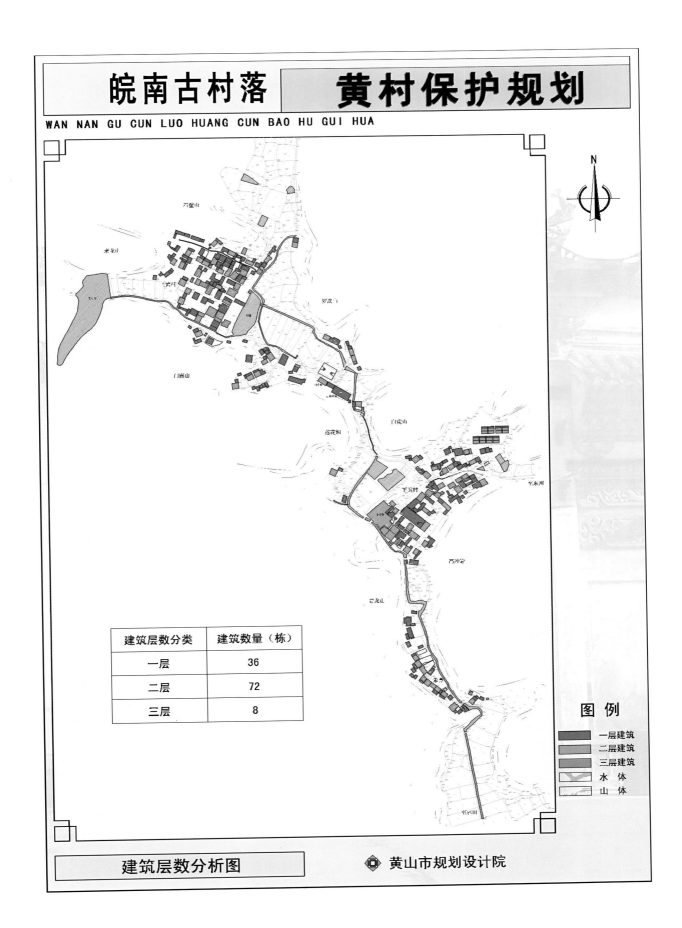

建筑层数分类	建筑数量（栋）
一层	36
二层	72
三层	8

图 例

一层建筑
二层建筑
三层建筑
水　体
山　体

建筑层数分析图　　　　黄山市规划设计院

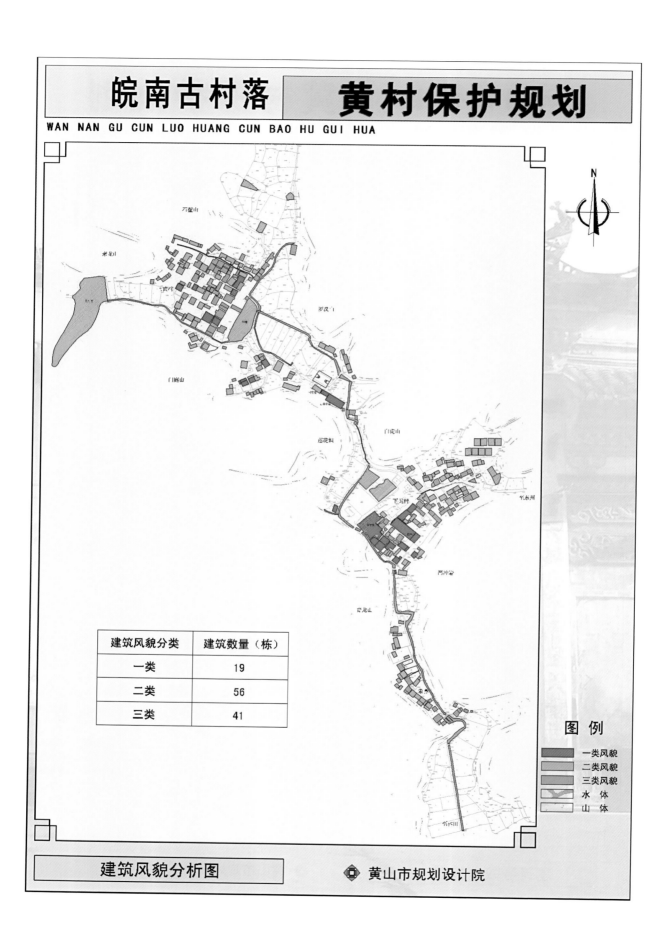

皖南古村落　黄村保护规划

WAN NAN GU CUN LUO HUANG CUN BAO HU GUI HUA

建筑风貌分类	建筑数量（栋）
一类	19
二类	56
三类	41

图 例

一类风貌
二类风貌
三类风貌
水 体
山 体

建筑风貌分析图　　黄山市规划设计院

皖南古村落　黄村保护规划

WAN NAN GU CUN LUO HUANG CUN BAO HU GUI HUA

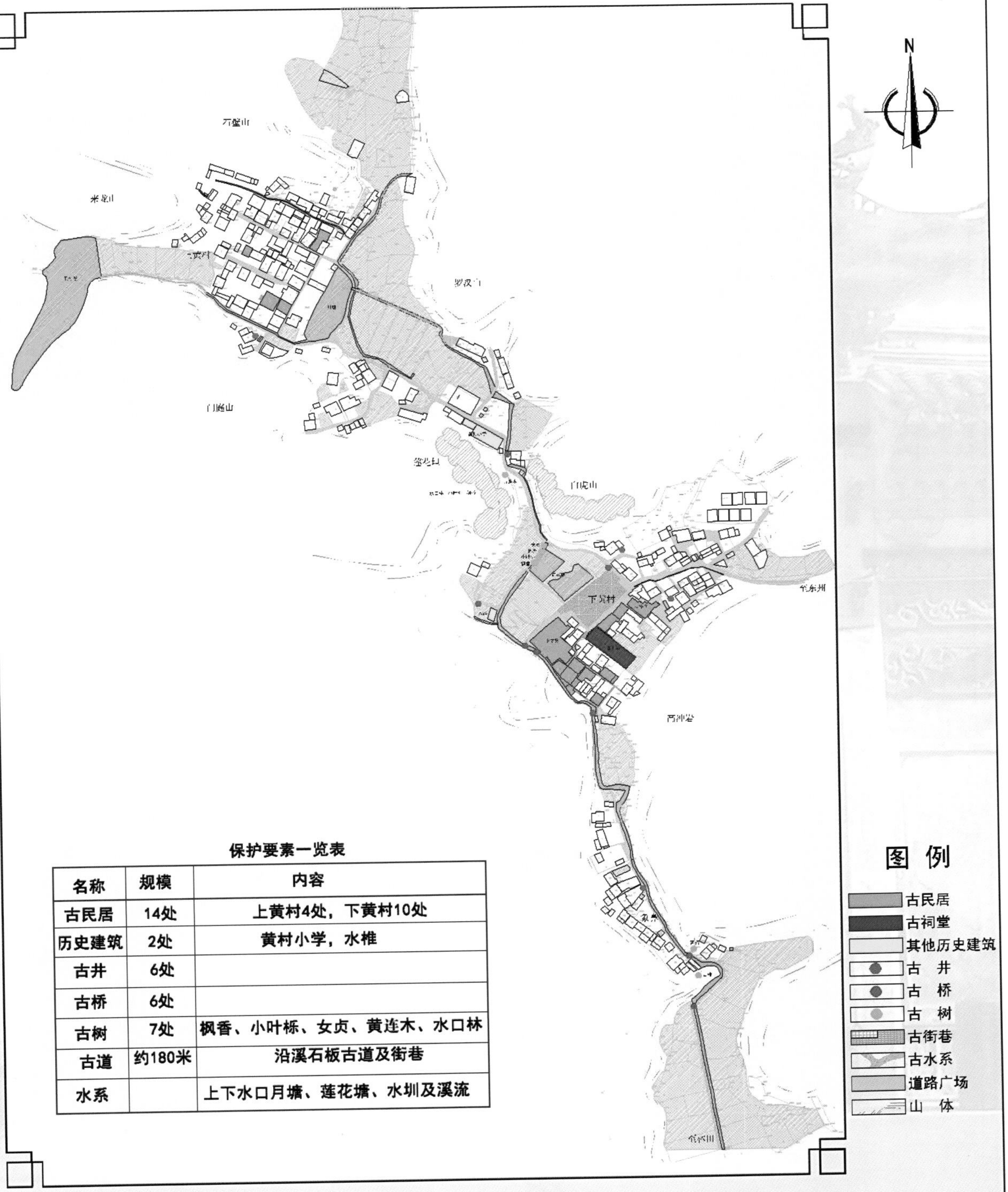

N

石壁山

米公山

下黄村

门庭山

罗汉门

釜光山

门庭山

下黄村

西冲岩

保护要素一览表

名称	规模	内容
古民居	14处	上黄村4处，下黄村10处
历史建筑	2处	黄村小学，水碓
古井	6处	
古桥	6处	
古树	7处	枫香、小叶栎、女贞、黄连木、水口林
古道	约180米	沿溪石板古道及街巷
水系		上下水口月塘、莲花塘、水圳及溪流

图例

- 古民居
- 古祠堂
- 其他历史建筑
- 古井
- 古桥
- 古树
- 古街巷
- 古水系
- 道路广场
- 山体

保护要素规划图

黄山市规划设计院

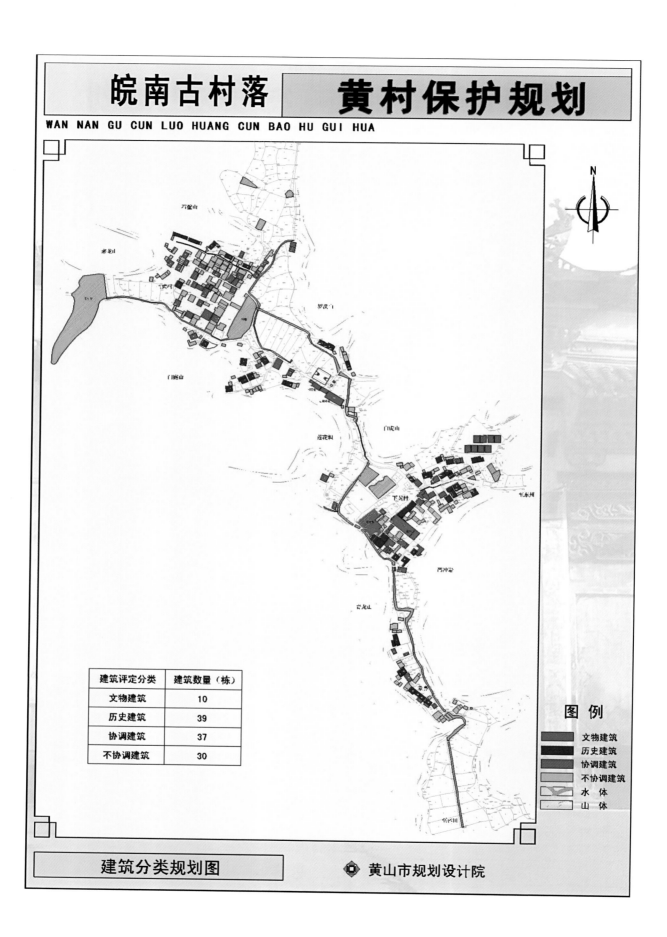

皖南古村落　黄村保护规划

WAN NAN GU CUN LUO HUANG CUN BAO HU GUI HUA

建筑评定分类	建筑数量（栋）
文物建筑	10
历史建筑	39
协调建筑	37
不协调建筑	30

图　例

文物建筑
历史建筑
协调建筑
不协调建筑
水　体
山　体

建筑分类规划图　　黄山市规划设计院

皖南古村落　黄村保护规划

WAN NAN GU CUN LUO HUANG CUN BAO HU GUI HUA

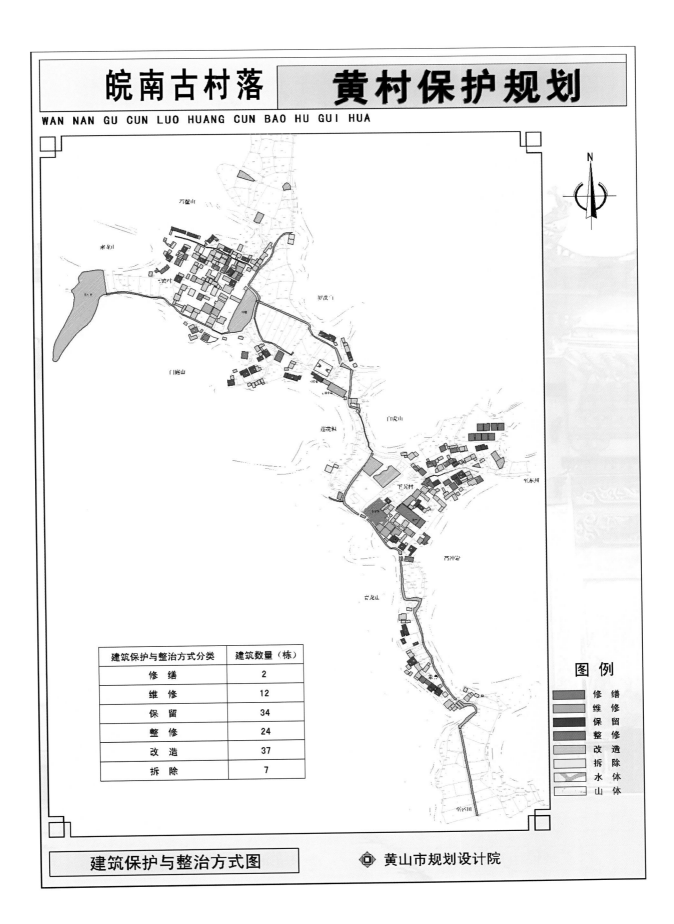

建筑保护与整治方式分类	建筑数量（栋）
修　缮	2
维　修	12
保　留	34
整　修	24
改　造	37
拆　除	7

图　例

修　缮
维　修
保　留
整　修
改　造
拆　除
水　体
山　体

建筑保护与整治方式图　　🔲 黄山市规划设计院

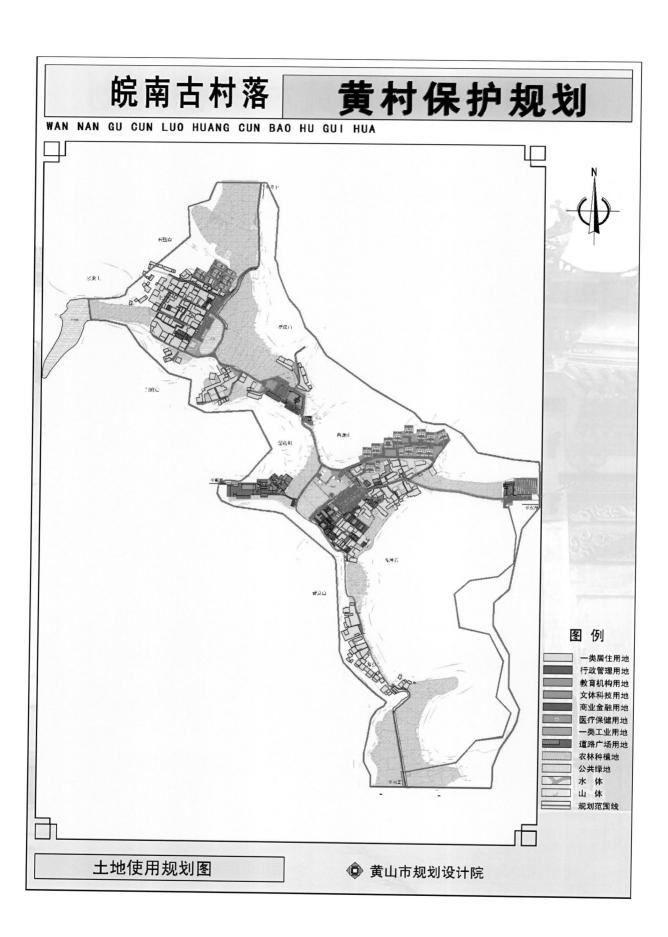

皖南古村落 黄村保护规划

WAN NAN GU CUN LUO HUANG CUN BAO HU GUI HUA

图 例

- 一类居住用地
- 行政管理用地
- 教育机构用地
- 文体科技用地
- 商业金融用地
- 医疗保健用地
- 一类工业用地
- 道路广场用地
- 农林种植地
- 公共绿地
- 水 体
- 山 体
- 规划范围线

土地使用规划图　　　黄山市规划设计院

皖南古村落　黄村保护规划

WAN NAN GU CUN LUO HUANG CUN BAO HU GUI HUA

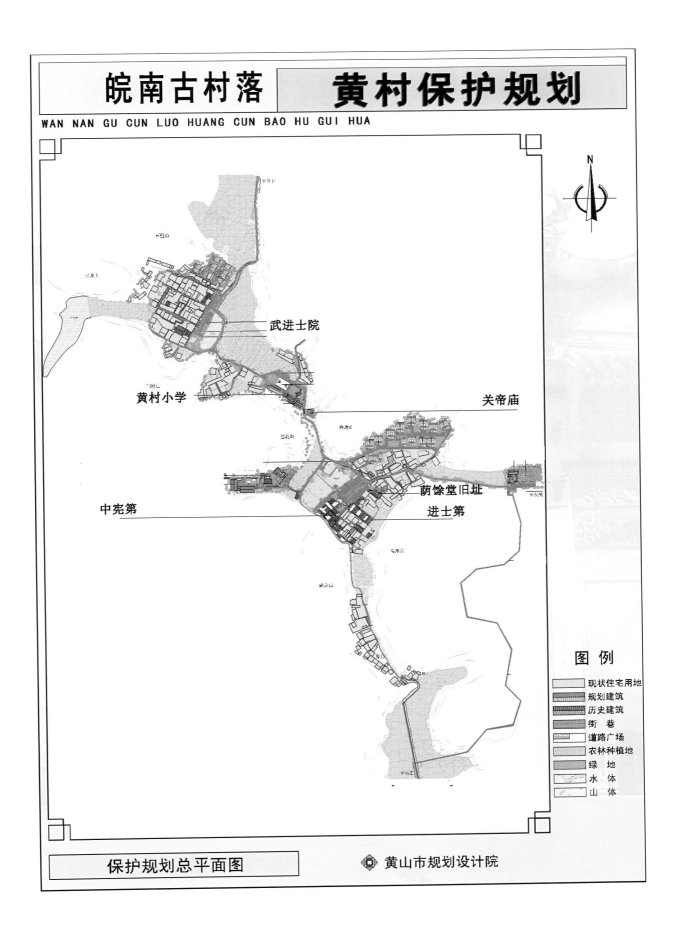

N

武进士院

黄村小学

关帝庙

中宪第

荫馀堂旧址

进士第

图 例

现状住宅用地
规划建筑
历史建筑
街　巷
道路广场
农林种植地
绿　地
水　体
山　体

保护规划总平面图　　　黄山市规划设计院

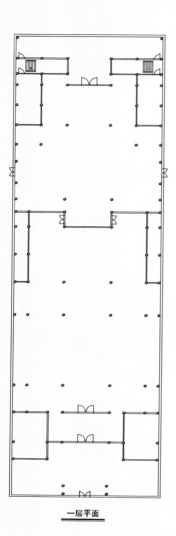

一层平面

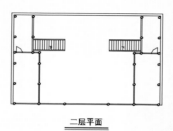

二层平面

进士第平面图

　　黄村进士第坐落于下门村中央，明嘉靖十一年（1532年）建进士第。大门之上，蓝底金字"乡圣"竖匾镶以龙框悬挂门楼下，大黑字木匾"进士第"横嵌于门楼墙中，上刻有钦差巡抚、巡按、知府、知县等名。进士第规模宏大，进深51米，宽15.5米，占地790平方米。前后四进，每进天井两侧有廊相连，前后四道天井，第一道天井除外，二三四道天井两侧均有门出入，门楼建筑风格采用七层斗拱，较享堂多出一挑，且在门后增设门楼，在寝楼后大井垣墙上造一假门楼，在纵轴线上形成进深五进的格局。

典型建筑平面图　　　　　◆ 黄山市规划设计院

参考文献

［1］吴晓勤等．世界文化遗产皖南古村落规划保护方案保护方法研究［M］．北京：中国建筑工业出版社，2002．

［2］中华人民共和国住房和城乡建设部．中国传统建筑解析与传承 安徽卷［M］．北京．中国建筑工业出版社，2016．

［3］曾伟．徽州民居浅析［J］．东南大学学报，2009，11．

［4］程极悦．传统聚落外部空间研究的启示徽商和水口园林——徽州古典园林初探［J］．建筑学报，1987．

［5］单德启，李小妹．徽派建筑和新徽派的探索［J］．中国勘察设计，2008．

［6］姚亦锋，赵培培，张雪茹．探究苏南历史文化村镇景观的变迁［J］．中国名城，2015（9）：72-80．

［7］卢松，张捷．世界遗产地宏村古村落旅游发展探析［J］．经济问题探索，2007．

［8］业祖润．传统聚落环境空间结构探析［J］．建筑学报，2001．

［9］陈志华，李秋香．婺源［M］．北京：清华大学出版社，2010．

［10］朱晓明．一个皖南古村落的历史与现实［M］．上海：同济大学出版社，2010．

［11］寿焘，仲文洲．际村的基底——乡村自组织营造策略研究［J］．建筑学报，2016（8）．

［12］楼庆西．户牖之艺［M］．北京：清华大学出版社，2011．

［13］楼庆西．千门之美［M］．北京：清华大学出版社，2011．

［14］倪琪，王玉．中国徽州地区传统村落空间结构的演变［M］．北京：中国建筑工业出版社，2015．

后记

　　我和皖南也算是比较有缘了。早些年学习书画曾来到皖南，专门去了胡开文墨厂了解制墨行业，也因此结识了屯溪胡开文墨厂程国胜厂长和徽墨非遗传承人汪培坤，以及歙县老胡开文的周美洪厂长。这些徽州本地人也有深厚的文化底蕴，给我介绍这片土地上的人文风俗。程厂长还有个爱好，就是收藏了一些皖南村落中的历史建筑，修缮改造之后用来开民宿之类，也是文化圈子里的名人（皖南有百村千栋工程，鼓励社会人士参与历史建筑认领保护修缮）。之后休年假时候来了黟县的西递、歙县的渔梁村等，以及婺源境内的李坑、汪口、思溪等许多村落，再加上我也是从农村走出来，身上甚至还很有一些"江湖气"，在徽州、婺源都结交了一些朋友。再后来单位承接了住建部关于历史文化名镇名村、传统村落的一些政策和课题研究，组织来皖南考察，包括宣城地区，几年下来一共去了有五六十个传统村落，许多村子回来要撰写调查报告，分析村落的特色、现状和问题，虽不敢说对皖南有多么熟悉，但是还可以算了解。

　　一圈跑下来大家也会发现，传统村落保护工作技术只是一个小问题，皖南地区修缮传统建筑的工匠还是很专业的，更多还是社会问题，尤其是由社会导致的保护观念问题。就拿这次调查的黄村来说，早在1997年，荫馀堂拆迁至美国引起轰动，把徽州文化宣传到了国外，但是在国内这种保护观念还没有建立。2008年之后的国内房地产业更是给城市投资烧了一把火，吸收农村的资金去了市区。我们一直谈历史建筑的保护维护更多应该依靠原住居民，村里的村民和资金越来越少，保护工作从何谈起呢？2012年由冯骥才先生提交议案，国家正式提出保护传统村落，现在我们国家开始大力扶持乡村振兴、产业振兴、文化振兴，社会对传统村落越来越关注，更多的是社会资本也开始下乡了，这虽然也会带动乡村发展，但是以投资为目的的社会企业进入，让传统村落保护还是或多或少变了味道。黄村也算是国际知名的传统村落了，这十几年不断有国外的团队联系，在村里开展一些探索，为村提保护发展建议，而这其中大部分是建议村落就应该保持传统的农业种植生产功能，可以发展绿色有机粮食蔬菜，那些街巷古道、河道应保持传统的状态，柏油路是不适合进村的。但是这与急于发展的村落需求是有一定矛盾的，所以那些国际的试验慢慢也就平淡下去了。村落为了扩大影响力，前些年还参加了明星活动"十二锋味"，希望借此推动村落宣传，然而在国内这几年综艺娱乐活动太多了，这个节目给村落带来的影响力远不如预期，但是我也在心里庆幸，幸好它没有把村子推到参观旅游的风口浪尖。

徽州的传统村落，每个村都有讲究的选址和水口文化，黄村的水口比较独特，因为村分为上门村和下门村两个组团，形似葫芦，葫芦嘴是一个两村共用的大水口，葫芦腰是一个小水口，也是两村分界线，这种多层水口的形态在皖南还是比较稀少的。但是在村发展旅游过程中，没有利用原来的大水口作为村入口，而是在下门村另一侧山谷中开辟了一条新路作为旅游入口线路。调研时候我寻访村内老人，老人介绍沿着古道与河道，在原来水口位置有男祠、女祠、村口牌坊，现在这些建筑都已经不在了，但是场地还在，周边也有几座近二三十年修建的民居，估计开展旅游如果利用原来的水口就必然会涉及这几处民居的整治，所以才新开的路线。这也是调查中感觉到村落规划发展的一个遗憾。

调查过程中正好赶上村内的中宪第、武进士第修缮，去调研了几次记录了修缮过程和做法。这些都是本地工匠，对于皖南建筑修缮他们有更丰富的经验做法，并且这些年修缮工程一直不断，修缮工艺也在传承，所以在本书中关于保护修缮技术之类的内容也介绍比较少，这本书更像是一个带有典型案例的皖南传统村落的普及读物。由于本书的编写时间紧张，包括书中的一些插图，本想多画一些的，可惜总是想做的很多，能画的太少，勉强在台灯下赶出了几幅，想来还是十分愧疚。

李志新

2018年7月11日于北京

图书在版编目（CIP）数据

皖南徽州地区传统村落规划改造和功能提升——黄村传统村落保护与发展／李志新，单彦名，高朝暄编著. —北京：中国建筑工业出版社，2018.9

（中国传统村落保护与发展系列丛书）

ISBN 978-7-112-22502-6

Ⅰ.①皖… Ⅱ.①李… ②单… ③高… Ⅲ.①村落－乡村规划－徽州地区 Ⅳ.①TU982.295.42

中国版本图书馆CIP数据核字（2018）第178095号

本书基于项目组在皖南地区开展传统村落保护发展工作调查研究报告的基础上完成，书中选取了休宁县黄村作为一个重点村落来分析研究。黄村既不是类似宏村西递那种已经开展了大量工作的村落，也不是完全保留原始，一点工作没有开展，它恰恰代表了一批刚刚开始了保护建设工作的传统村落，这样的村落更具有研究性。本书前两章介绍了皖南地区传统村落的文化背景和价值特色、保存概况，后三章介绍黄村的文化资源价值特色、保护建设方案以及实施效果。本书适用于建筑学、城乡规划等专业的学者、专家、师生，以及所有对传统建筑、村镇建设感兴趣的人士阅读。

责任编辑：吴 绫 胡永旭 唐 旭 张 华 孙 硕 李东禧
版式设计：锋尚设计
责任校对：王 瑞 王 烨

中国传统村落保护与发展系列丛书

皖南徽州地区传统村落规划改造和功能提升
——黄村传统村落保护与发展

李志新 单彦名 高朝暄 编著

*

中国建筑工业出版社出版、发行（北京海淀三里河路9号）

各地新华书店、建筑书店经销

北京锋尚制版有限公司制版

北京富诚彩色印刷有限公司印刷

*

开本：880×1230毫米 1/16 印张：11¾ 字数：262千字

2018年11月第一版 2018年12月第二次印刷

定价：**138.00**元

ISBN 978 - 7 - 112 - 22502 - 6

（32580）